陳連禎————著

內可以修身・外可以應變

孫子兵法
要義

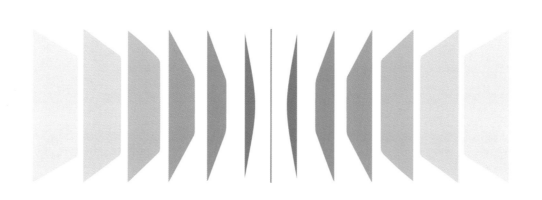

王　序

　　《孫子兵法》是春秋末期大軍事學家、東方兵聖──孫武所著，自古列為「武經七書之第一書」，也是我國兵家思想最具代表性的著作。宋神宗‧元豐間（11世紀），朝廷頒行武學，以《孫子兵法》、《吳子兵法》、《六韜》、《司馬法》、《三略》、《尉繚子》、《李衛公問對》等七書為兵家經典，目的在作為講授武學的教材，此後即有「武經七書」之稱。《孫子兵法》雖然距今已兩千六百年，文約六千餘字，但其價值卻歷久彌新，從戰略（廟算）講到戰術，再講到戰技，十三篇前後呼應，脈絡一貫、環環相扣。整部兵書的戰略目標是安國保民；指導思想為五事（道、天、地、將、法）七計（主孰有道、將孰有能、天地孰得、法令孰行、兵眾孰強、士卒孰練、賞罰孰明）的全局運籌，不戰屈敵的止戰謀劃，以及知己知彼的作戰指揮。《孫子兵法》也是一部實用性很高的經典，大至國家安全、軍事作戰、企業經營、行銷策略、社會科學，小至人際關係、個人修身保命、夫妻相處、為人處事，若能把握孫子精髓，都可以從中得到啟示。美國亞馬遜網站評論，如果人的一生只能讀一本書的話，那就是《孫子兵法》。這部著作超越時空和國度，成為全世界擁有的文化財富。

　　兩個多月前，承陳社長以本書手稿見示，並囑作序，深感榮幸。本書計十三章，共十四萬言。編著對象係以中央警察大學及臺灣警察專科學校學生為主。因此編寫方式比較特殊，與市面研究《孫子兵法》之專家學者的專書論述不同。本書內容理論與實務並重，內容編纂具有邏輯性、完整性、實用性與可讀性。

　　全書分為原文、白話文、要義、故事四大部分。原文十三篇係採用《宋本十一家注孫子》；譯文簡淺、明確易懂，要義是對每一篇內容加以演繹引申，深入淺出，做謹慎的詮釋，為本書最精華之處；故事超過一百則，引經據典，緊扣時代脈動，內容包羅萬象，出自作者長期之用心蒐集、觀察、明辨，就近取譬，引人入勝，讓人愛不釋手。故事主要來源有三，其一是《史記》中帝王將相、英雄豪傑闖天下，面對生死交關，危機重重時，如何運用《孫子兵法》之神髓，審度時勢，權謀計策，當機立斷，化險為夷的案例；其二是企業領袖、科技公司老闆，運用《孫子兵法》所揭櫫的原理原則，成功經營企業之案例；其三是社會上所發生之各種現象以及警察偵辦刑案、防制犯罪之案例。此外，另有問題討論六十則，可供師生在講堂上研討之用，以提高學生營習興趣及學習效果，後來據稱因為占篇幅太多，暫且割愛。希望社長能在下一本進階版中分享讀者。

　　書中每一句話，都是作者幾十年來從事警務工作，以及研究《孫子兵法》的智慧結晶，從學理之中，融入自實務中深入觀察所獲得的獨到見解和體悟，可作為警察大學及警察專科學校教材，每位現職警察人員都有機會研讀的話，相信對工作一定有很大助益；同時也可以作為軍事院校教材、社會各行各業，尤其是企業經營、行銷之範本。

王進旺

前內政部警政署署長、行政院海巡署署長

陳　序

　　《孫子兵法》，這部成書於二千多年前的兵書，經過時代的演繹，如今早已成為歷代中外領導人、企業家等文人、武將的必讀經典。綜觀春秋時代戰亂頻仍、人民流離失所之歷史事實，再對比今日俄烏戰爭方興未艾、臺海局勢依舊如履薄冰之世界局勢，一面雖有如哲人黑格爾所云：「人類從歷史中學到的唯一的教訓，就是沒有從歷史中吸取到任何教訓。」之嘆，但另一面也領悟，如《孫子兵法》這般的「古人」經典，即便在已有高科技協助的「今人」眼中，依舊散發著熠熠的智慧光芒。

　　如此的智慧結晶又如何能應用於警政工作上呢？試舉個人前於新北市政府警察局局長任內所破獲之「館長槍擊案」為例，於偵辦過程中所運用之「背景分析」、「通聯、金流紀錄」、「監視器調閱」、「情報布建」、「關係人訪查」等諸般偵查技巧所建構出的嫌疑人圖像及具體犯罪事證，方能順利突破不法分子所預設的槍手投案斷點，成功擴大戰果，將幕後主使的竹聯幫寶和會首腦繩之以法，其相關偵查作為正是〈謀攻篇〉中「知彼知己，百戰不殆」以及〈用間篇〉「先知者……，知敵之情者也。」的具體印證。

　　綜觀本書，編排簡明，採「原文」、「白話文」、「要義」及「故事」四部分呈現，其中「白話文」及「要義」部分，陳社長並非僅只平鋪直敘式的翻譯原文，而是引喻取譬地逐段解讀，並且使用了如「秒讀秒回」、「查水表」等現代通俗用語，讓讀者會心一笑，秒懂深奧文義。但最精采的當屬「故事」段落，陳社長引用了太史公的精華，並

揉合了個人所蒐集、經歷的警察偵防經驗，加上近年所發生的國際重大事件，獨創了符合警校學生的專題教材，值得一讀再讀。

陳社長結識多年，早知其沉浸經典，於史學方面造詣深厚，前於警察專科學校校長任內更經常利用各種場合，向涉世未深的學生分享《論語》中的人我互動、《孫子兵法》中的危機應變，以及《史記》中的人文世界與生命價值等為人處世之道。即使卸下警職，仍致力於退警服務及史學研究，多有著述如《孫子讀本》、《史記精選》、《劉邦的團隊臉譜》、《警校校長史記偵探室：小心黑天鵝》等書，著作繁多、不一而足。緣此，恰逢陳社長去年擔任本校傑出校友審查委員之際，力邀返校上課，陳社長不但欣然允諾，更將二十餘年前於內政部警政署任職期間所編之《孫子兵法》講習教材增修更新而成本作，今邀作序，甚感榮幸，期本書所揭櫫「內可修身、外可應變」的人生智慧，能作為後期學子警職生涯乃至終其一生的指路明燈。

陳檡文

現任中央警察大學校長

黃　序

　　綜觀古今中外書籍，最眾所周知且耳熟能詳者，莫過於《孫子兵法》。其中諸如「攻其無備，出其不意」、「不戰而屈人之兵」、「知彼知己者，百戰不殆」、「凡治眾如治寡，分數是也」、「無恃其不來，恃吾有以待也」等名言，都是眾人琅琅上口，並廣泛在文章或演說中被引用。《孫子兵法》成書兩千五百多年以來，除了在華人世界廣為流傳外，更傳播到世界各國。時至今日，已經有日、韓、法、俄、英、德、西班牙、葡萄牙等多國語言翻譯版本，不僅被許多政治、軍事、經濟領袖奉為圭臬，更運用實踐於各種領域。

　　面對詭譎多變的治安狀況，《孫子兵法》的智慧同樣也值得警察參考學習。例如〈軍形篇〉提到：「昔之善戰者，先為不可勝，以待敵之可勝。不可勝在己，可勝在敵。故善戰者，能為不可勝，不能使敵之可勝。故曰：勝可知而不可為。」意思是即使有實力，也要先立於不敗之地，才有勝出的機會；〈兵勢篇〉也提到：「故善戰者，求之於勢，不責於人」，意思是說善於指揮作戰的將領會營造有利形勢取勝，而不只是苛求部屬苦戰取勝。員警在執勤時，遇有違法脫序行為必須嚴正執法；對於暴力行為，更必須強勢執法，展現捍衛公權力的決心。所謂強勢，並非硬碰硬，而是如同《孫子兵法》所言，要從形勢上取勝。

　　擔任署長以來，我特別重視同仁的執勤安全，也責請業務單位修正「執行巡邏勤務中盤查盤檢人車作業程序」，律定員警執勤應有的標準作業流程。員警在處理事故或接獲通報抵達現場，遇被盤查人有瘋狂、酒醉、暴力傾向、精神疾病或有犯罪之虞，應提高警覺，掌握周

邊狀況，落實警戒、監視分工，與被盤查人、車保持安全距離，備妥應勤裝備，預防遭攻擊或駕車衝撞；裝備或警力不足應付時，應請求支援，勿貿然接近。這些措施正如同前揭《孫子兵法》所言，是藉由提昇員警的敵情觀念，以安全為最高指導原則，營造同仁執勤的有利態勢，才能順利圓滿完成任務。

坊間有許多關於《孫子兵法》的書籍，但真正與警察工作相關的卻極為罕見。陳社長所著《孫子兵法要義》一書，深入淺出解說《孫子兵法》精髓所在，將擔任分局長、局長等重要職務的豐富經驗及從警四十餘年的職場閱歷與《孫子兵法》相互印證，並透過歷史及當前重要案例分析，讓讀者易於理解。舉凡領導統御、應對進退、用人之道、決策管理、危機處理、謀攻策略、精進裝備、執勤要領等，都能在閱讀本書後得到啟發。

德國首相俾斯麥曾說：「智者從別人的失敗學到經驗，愚者只能從自己的失敗記取教訓」。《孫子兵法要義》彙集前人的智慧，讓閱讀者透過觀察、分析，學習他人寶貴的經驗。無論是警察學子或在職同仁閱讀後，相信都能獲益良多，全方位提昇警察素養，實為一本不可多得的好書。

黃明昭
現任內政部警政署署長

自　序

　　去年有緣受邀警察大學擔任傑出校友審查委員，不意校長檡文兄力邀回母校上課，語多誠懇，因而老驥伏櫪勉講《孫子兵法》。然而此一課程列為選修，並無教材可用，殊為可惜。

　　往事不如煙，書房架上有本發黃的《孫子兵法》，舊作名為「講習教材」。緣於前在警政署服務時，以工作需要而籌組「孫子兵法研習會」，俟逐篇討論告一段落後，承蒙當時署長王進旺先生准予印行，僅發各縣市警察局相關業務主管參考。退休後曾遇到當年警察主管談起二十年前往事，歷歷在目，並且主動談起仍保存那本官版一百頁的「講習教材」，深感意外與驚喜。然而今日抽閱「講習教材」內容，如果轉為母校學子上課講義，實在不妥，於是有了本書發想。

　　而警政署長黃明昭先生甫上任，即蒞臨退警總會訪視、座談，當天列管總會建議事項。第二天，有關組、室承辦科長帶著工作人員來熱心丈量、修繕；署長尊重學長精神與劍及履及的執行效率，咸認前所未有，贏得許多退警同仁的感激與讚賞。

　　經典就是經典，經得起歷史長河的考驗。《孫子兵法》研究不分國界，前人研究成果何止萬千，專家學者論述唾手可得，內容極其豐富多樣，為後學者奠定研讀《孫子兵法》的良好基礎。不過，對於初學者而言，深奧的內容難以理解其要義；而過於簡化者則難以有系統的理解。為了要因材施教，本書編寫對象以警校生為主，編排方式採「原文」、「白話文」、「要義」、「故事」四部分呈現，「原文」十三篇採用《宋本十一家注孫子》，「白話文」、「要義」轉譯、詮釋行文力求

簡淺、明確，並在每段冠以小標題易懂；而「故事」主題則以警察偵防經驗與《史記》史實為主，期盼未來讀者都能熟讀且能汲取孫子思維用於工作職場、日常生活中，獲得明哲保身的策略與萬全的智慧。

《孫子兵法》六千餘字，內容博大精深，堪稱兵學經典。個人才疏學淺，過去讀書不求甚解，詮釋難免有疏失之處，盼請博雅君子、警察師友不吝指正。

本書附錄〈《孫子兵法》打造你的全勝思維〉一篇，是國立臺北大學吳順令教授在疫情期間，受邀於退休警察協會總會的「史記天地讀書會」視訊上課內容，經由好學的臺大高材生王嗣芬女士筆記，簡潔扼要，條理分明鳥瞰《孫子兵法》，很值得細讀。

謹將此書獻給生我、養我、育我最深的母親以及警察團隊。

陳連禎

中華民國一一一年九月二十八日　於景美書房

目 錄

《孫子兵法》：內可以修身，外可以應變
——談如何化解競爭問題的方法書

俄烏戰爭中，俄軍攻破了烏克蘭軍事重地亞速營，赫然發現戰地遺留一本烏克蘭版的《孫子兵法》，新聞一出全球矚目。二千多年前春秋時代人物孫武的著作，閃亮登場在遙遠的異國戰場，且影響現代戰爭發展。烏軍從一開始辛苦的堅守陣地，到後期以寡擊眾、以弱擊強，抗擊強敵入侵至今已超過半年，而且越戰越勇。時至今日，展讀《孫子兵法》，依然亮眼，感覺歷久彌新。

我國第一位文人國防部長俞大維常說：「我一生無書不讀，我重視《孫子兵法》，它的實用價值歷久彌新。」奉元書院毓老師則推崇《孫子兵法》是女生最好的嫁妝，因為知法不用兵，只要懂得方法，家庭生活就知道如何趨吉避凶；即使遇到衝突也不會兵戎相見，就不會有家庭暴力事件，因為它是一本教人解決問題的方法書。

《孫子兵法》的價值

二十年前美國本土核心境內發生九一一恐攻雙子星大樓事件，造成美國人難以彌補的傷痛，也讓美國警覺到不對稱的戰爭時代早已來臨，才開始研究《孫子兵法》的神奇妙用。這次二〇二二年俄烏戰爭久拖半年仍未落幕，而在烏克蘭戰地出現的《孫子兵法》，藉中外傳媒之利而廣為世人周知其價值。

《孫子兵法》六千餘言又稱《孫子》，講的是如何化解衝突與營造

和平雙贏的策略。不分政治家、企業家、學者專家或文人雅士，無不從各種角度探討其精華，都想從中汲取東方兵聖的智慧，讀出箇中樂趣後，發現《孫子》字字珠璣，思維深遠，真是取之不盡、用之不竭。

美國比爾‧蓋茲在《數位神經系統》寫道：「中國軍事策略家孫子說：『凡此五者，將莫不聞，知之者勝，不知者不勝』。根據孫子的研究，勝利屬於即時掌握情報的將軍。」企業英雄出少年，比爾能成為全球矚目的重要人物，與他參透《孫子兵法》的奧義密切相關；他強調孫子重視第一手資訊的啟示，確有獨到之處。唯有即時掌握預警情報，才有勝算可能，這正是孫子秉持前後一貫攻守策略的不二準繩。

策略就是選擇。美國策略大師麥可‧波特說：「策略就是限制」。限制就是聚焦，聚焦於重點，而重點並非樣樣通而樣樣鬆。因此，凡事要瞭解全般，掌握重點。這個重點就是聚焦核心，正如一鳥在手勝過十鳥在林。書籍海量千萬，而臺灣每年約出版四萬本新書，與其望洋興歎，不如專研一本百代兵經的《孫子》。

俗話說：「要為成功找方法，不要為失敗找藉口」、「成功的人找方法，失敗的人找藉口」。如何找方法？《孫子兵法》提供後人解決問題的思考方法，他從戰略、策略講到戰術，更講到細節的戰法應注意事項。《孫子》十三篇前後呼應，始終環環相扣，反覆緊密連成整體的全勝思維。《孫子》談解決問題，總是先定義、面對問題，接著提出三策、四策的優劣良窳抉擇，同時提醒後人選擇不同策略後可以預見的結局，《孫子兵法》真是全方位解決問題的方法書籍。

《孫子兵法》自成一家之言，在歷代兵學體系中居首屈一指的領導

地位，明代茅元儀在《武備志》說得最好：「前孫子者，《孫子》不遺；後孫子者，不能遺《孫子》」。孫子解決問題的宏觀智慧如恆星太陽，二千五百餘年以來始終發光發熱，從中國東傳到韓國、日本，更流傳到歐美各國，而風靡全球。

西方兵聖克勞塞維茲（Kar Von Clauscwitz, 1780-1831）《戰爭論》厚達六百頁，英國著名戰略學家李德·哈特（Liddel Hart, 1895-1970）論兵法者計有二十冊，當年抗戰時期，國軍軍事顧問團訓練教材採用哈特的兵書。哈特於課後總是很誠懇而謙虛地對崇洋媚外的年輕軍官說：「我的兵法，其實全都包含在孫子的兵法裡。你們應該回歸到《孫子兵法》。」哈特私下對人再三稱讚《孫子》是當今世上最精闢的兵法鉅著。

在太陽之國的日本，《孫子》被發揮得淋漓盡致，應用到商戰或企業管理而學以致用、得心應手。傳說大陸改革開放後，鄧小平派員到日本三菱重工學習，結業的時候，三菱重工董事長居然以《孫子》相贈學員；回國後鄧小平得知，引為奇恥大辱，才有了《孫子兵法》研究會在大陸遍地開花。至於曾二度來臺的美國管理學大師麥可·波特（Michael Porter, 1947-），他在策略書裡加入不少《孫子》思想與戰術。此外，歐、美軍警院校、商學院必修《孫子》（*The Art of War*）也就不令人感到意外。

國內喜愛《孫子》者，著名企業家用之於領導、管理或公司治理或自我激勵都卓然有成。至於軍警情治、檢調以及文人雅士的案頭上，多有《孫子》的一席之地。其實，許多孫子名言，我們早已琅琅

上口，如「其疾如風，其徐如林，侵掠如火，不動如山」、「無恃其不來，恃吾有以待之」、「攻其無備，出其不意」、「知彼知己，百戰不殆」、「以迂為直，以患為利」、「不戰而屈人之兵」等等舉不勝舉，在在證明《孫子》的智慧言語早已深入人心，活用在我們的日常活動之中而不自知。

《孫子兵法》的結構簡介

從方法論看，《孫子》是一個研究問題、解決問題的工具箱。每個重要名詞、核心概念，孫子都用最生動的文字解釋，或取法大自然最鮮活的具象比喻，來說明操作性定義，如道、天、地、將、法等五事，形、勢、地形、領導人的六種過失：走、弛、陷、崩、亂、北等等，都下了統一的定義，讓《孫子》的愛好者不會迷航、分歧，討論時也不會淪於各自表述或流於無的放矢，這一點在諸子百家中是極其罕見的現象。

從整體看，《孫子》十三篇是一部不可分割的為將之道，也是領導者必讀的經典鉅著。全書篇篇獨立，章句優美；若從每篇細看，字字珠璣，處處閃爍著智者的千古名言──原來《孫子》自古以來即享有「智典」美名。

就結構而言，《孫子》第一〈始計篇〉、第二〈作戰篇〉、第三〈謀攻篇〉、第四〈軍形篇〉、第五〈兵勢篇〉等五篇，偏重於政策及戰略的論述層面。第六〈虛實篇〉、第七〈軍爭篇〉，兼論戰略與戰術層面。第八〈九變篇〉、第九〈行軍篇〉、第十〈地形篇〉、第十一〈九

地篇〉，更是具體而微深入分析，談的是怎樣蒐集情報，如何觀察、判斷敵情，更偏重於戰術、技巧。第十二〈火攻篇〉闡述專業技術面、第十三〈用間篇〉回到戰略、政策層次，貫穿全書各篇。十三篇各自獨立，卻又相互關聯，前後呼應，珠串一體，連《文心雕龍》作者劉勰也激賞讚嘆：「孫武兵經，辭如珠玉，豈以習武而不曉文也？」

就個體而言，第一〈始計篇〉是十三篇的總綱，具有提綱挈領的氣勢，高屋建瓴而統籌全局；領導用兵精華，盡在此篇，可以說是《孫子》十三篇的濃縮精華版，以下各篇不過是依此循序反覆鋪陳。若就該篇文章而言，「兵者，國之大事也。……吾以此觀之，勝負見矣。」僅短短三百餘字，是十三篇的起手勢，足以激起讀者深入閱讀的興趣。第二〈作戰篇〉以下七篇，可說是承受〈始計篇〉，發揮整體規劃的鋪陳論證。

從內容而言，〈始計篇〉等八篇涉及國家安全，也就是從國家利益的追求作整體考量，屬於國家決策、軍事戰略與領導指揮的層面論述。整體架構嚴整，氣勢磅礴。第九〈行軍篇〉及以下〈地形篇〉、〈九地篇〉、〈火攻篇〉等四篇，所鋪陳舉例都是下位概念，屬於戰術部分，係延續戰略決策，指導將領如何指揮管理部隊，運籌帷幄。以上各篇論述：如何以本輕利厚之道，來保國衛民、安國全軍。這是孫子秉持一貫嚴肅的慎戰態度。

最後一篇〈用間篇〉，是全書十三篇的統合，獨樹一幟，用意鮮明；字數不多，雖只四百餘字，然而與首篇〈始計篇〉遙相呼應，氣勢凜然。〈用間篇〉一針見血，正面指出情報的重要及其項目、取得、

如何運用情報等議題；本篇有形有勢，字數雖少，惟心其力道絲毫不可小覷。〈用間篇〉安排順序雖在最後，但就可行性而言，其重要性與〈始計篇〉實難分軒輕。不可諱言，情蒐方向是否正確、布局結構是否完整，以及迅速整備的良窳，才是決定雙方競賽成敗的重大關鍵。

簡單說，《孫子》辭句簡約，義理豐富，道理雖然精深卻不難理解，全書排序井然，章法嚴整。由整體到個體，由全局到局部，由戰略到戰術，由大而小，由遠而近，由宏觀到微觀，層次分明，各篇前後串連，正如孫子倡導的「常山之蛇」，頭、尾、腹部全身自然有機呼應；其精神「秒讀秒回」，日夜校正立即反應，沒有時間誤差。

《孫子兵法》之道，內可修身，外可應變

更可貴的是，孫子為國立功，言行一致，達成北威齊晉，伐楚成功的戰果後，立刻功成身退，毫不戀棧世俗的權位，印證自己所言「無智名、無勇功」的謙懷精神，展現指揮官「智、信、仁、勇、嚴」的領導風範。

《孫子》其書跨越千年，研讀人士不分國界，廣泛運用而受益匪淺的影響早已超越孫子撰寫初衷；正是一本經典，各自解讀，個別受益。《孫子》無親，常與善人，它照亮了古今有志青雲人士，讓人浸淫而盡情享受六千餘字的人生智慧。當然，根據我們警察辦案經驗得知，黑道幫派分子，甚至宵小竊賊也都在閱讀《孫子》。

許多資深員警語重心長地說：在勤務執行中，如果缺乏出門如見敵的警戒心，遇到突發狀況，非傷即亡，悲劇就可能發生了。歹徒出

手，無不「攻其無備，出其不意」而得逞。警察人員怎能不記取孫子「知彼知己，百戰不殆」的教誨，牢記「知天知地，勝乃可全」的教示？

《孫子》重視追求和平穩定、雙贏求勝，更是講究求生、求全的經典好書。如果能常翻讀、多思活用，團體決策時將會有直覺的全方位思考。而員警執勤時遇到突發狀況，將能立即反應，全身而退。因此，個人認為《孫子》是一本求生之書，尤其身處第一線高風險的警察人員，誠為必讀的治安素養書。

司馬遷在〈太史公自序〉說到他撰寫〈孫子列傳〉的動機，說：「非信廉仁勇，不能傳兵論劍，與道同符，內可以治身，外可以應變，君子比德焉。」意思是說，認識《孫子》之道，內可修身，外可應變，是教我們為人處事、明哲保身的良書益友。

▍孫子其人其事

有人的地方就有競爭，有競爭就有衝突事件發生。因此，如何活絡思維，化解衝突對立，始終是人類經常要解決問題的一大課題。

西方學者研究《孫子兵法》，無不認為孫子是一位軍事將領、戰爭哲學家，更是一位務實的策略專家，他的哲學理念迄今仍有新意。二十五個世紀以來，除了軍事用途之外，《孫子兵法》的瑰麗文字充滿文學的動感魅力，吸引中國文人雅士為之歌頌。我們讀其書，當然要先知其人，才能深入瞭解原文的底蘊，理解其行文涵意。

孫子的身世與南下避難

孫子，名武，字長卿，生卒年不詳，春秋時兵法家。《史記》說他為「齊人」，《吳越春秋·闔閭內傳》說他是「吳人」。據考證：孫子原是齊國人，為了逃避國內政爭紛亂而遷徙吳國，成為吳國人。孫子生長於齊國，其學問也養成於齊國。而齊國自古即有知兵善戰、崇尚權詐的傳統。

孫武的祖籍是春秋時一個小國陳國（今河南與安徽的交界處），他的七世祖先為陳完。宋代歐陽修《新唐書·宰相世系表》記載，陳宣公二十一年（公元前672年），陳宣公為了愛妾所生之子而想更易太子，將現任太子御寇殺死，而陳完是御寇的好友，他懼怕被株連追殺，於是奔逃齊國避難，從此在齊國定居下來。

齊桓公非常倚重陳完，想聘請他當「卿」重臣。陳完自認為外來人士，不敢擔當高位。齊桓公改派他擔任「工正」，主管一切工匠事宜。這個職位雖低，但他的為人與能力表現深得人心，連齊國大夫懿仲都想與陳完結為親家。陳完得知後並未得意忘形，反而更加兢兢業業，後來因為他的食采邑在「田」這個地方，為了避免招惹無謂是非，他將陳姓改姓田，稱為田完，就是低調再低調，想要讓齊國人忘了他的出身來歷，而能徹底融入在地的齊國文化。

《史記·田敬仲完世家》記載，田完四世孫為無宇，無宇生下二子：田恆、田書。田書擔任齊景公「大夫」，因為伐莒國有功，齊景公賜姓孫，食采邑於樂安（今山東境內）。孫書的兒子孫憑是齊國「卿」，孫憑生下孫武。《左傳》魯昭公十年（公元前532年）、齊景公

十六年，齊國貴族權臣爭權奪利而爆發內戰，齊國四大家族內鬨非常嚴重。期間孫武的祖父輩田穰苴為齊國立下赫赫戰功，卻遭人忌妒而被陷害而死，讓孫武為之心寒不已，預判政治「黑天鵝」即將降臨，於是當機立斷南奔吳國求發展。

孫武家族在齊國發跡，族人中有流傳兵法的大將軍田穰苴，也有治國才能的高階文官田完，他可說是生在兼有軍事、政治人才的家族環境；身上流動著文武兼資的優秀血液。孫武生於公元前六世紀後期至公元前五世紀前期，那是個聖賢輩出的時代，又是禮壞樂崩的時代；強凌弱，眾暴寡，周天子失去對天下萬國的控制實力，各國征戰不已。天下大亂，情勢大好，正是有志青雲之士大顯身手的良機。

吳王闔閭渴求將才，欲稱霸諸侯

孫武逃避齊國的政治危機，奔向吳國。據《吳越春秋》記載，孫武到了吳國，選在吳國都城姑蘇郊外隱居，潛心研究著述兵法。今人考證，孫武隱居處和《孫子兵法》誕生地，在今江蘇吳縣市穹窿山──吳中第一峰的茅棚塢處，現建有孫武苑。

公元前五二二年，楚國官三代伍子胥也流亡吳國避難，受到吳國公子光的禮遇；他向公子光推薦刺客專諸後，即識趣而暫退隱居。這時孫武與伍子胥結識，成為了知己。公元前五一四年，專諸幫助公子光刺殺吳王僚成功，公子光自立為王，是為吳王闔閭。吳王闔閭元年，以伍子胥為「行人」（外交大臣）。吳王欲稱霸諸侯，決定對楚國用兵，但卻缺乏一位智勇雙全並可以領兵作戰的將軍。

　　伍子胥從楚國逃到吳國後，急於報殺父兄之仇，於是積極遊說吳王發動侵楚戰爭。伍子胥深知孫武可以折衝銷敵，因而七次推薦孫武，見到了吳王闔閭。此時孫武獻出深居二十年的心血結晶《兵法十三篇》，吳王闔閭閱後經常向孫武諮詢軍事問題，加以經過一場驚心動魄的宮女練兵教戰，孫武展現了治軍才華與領導實力而一鳴驚人，深受吳王重用。

宮女練兵立威的震撼教育，建立新領導模式

　　由於《兵法十三篇》這本兵書總結了軍事理論與實務，很有實用價值，尤其兼具戰略、戰術與戰鬥的應用，很合吳王的國政與戰略需要，不過吳王仍擔心孫子是否只是紙上談兵。因此，他要一試孫子的指揮能耐。

　　在經過了這一場驚心動魄的宮女練兵大戲（詳情在後）之後，終於讓吳王闔閭徹底認知孫子確實能用兵打仗。為了爭霸中原，於是請他擔任吳國大將軍。孫子帶兵向西攻破了強大的楚國，更攻入楚國國都郢城；向北威脅到齊、晉兩大強國，讓吳王顯名於諸侯各國，成為當代霸主，其間孫子出了大力，立了大功。

　　由此練兵故事，可以體會到孫子營造出「為將」風範，也創造出「領導統帥」的經營模式：首先，孫子經過名人伍子胥的推薦，讓吳王見識《兵法十三篇》其中的兵法韜略而深受吳王喜愛。其次，吳王屈駕拜訪孫子，親自表達請益誠意，以示吳王求將圖霸的動機及求才若渴的決心。再次，吳王試探、測驗孫子紙上談兵的執行力，孫子則是

假戲真做而毫不含糊，執法如山，軍令威嚴，不假顏色，即使貴為吳王的左右愛姬，由於二次違背命令，只有依法處置一途，雖有吳王要求刀下留情，也依規照斬不誤。吳王以宮女練兵測試，結果是「引而圓之，圓中規；引而方之，方中矩」、「婦人左右前後跪起，皆中規矩繩墨，無敢出聲。」吳王經此練兵一役，一定驚駭莫名，此種「經營模式」震撼教育一出，從此吳王信服孫子的指揮能力。最後經此一試宮女練兵成功，孫子取得吳王的充分信任，更教導吳王學習君、將的相處之道：

一、孫子無視吳王的沮喪、不悅，實話實說以相激，或許是激吳王求用罷了。即便如此，孫子的去留問題毫不扭捏作態，只是留給吳王深入思考的空間，當然也預留伏筆。

二、國君的愛姬不服號令指揮，孫子斷然下令斬殺，當時勢必震動全場，驚動全國，此宣傳效果尤勝於商君變法之前的「徙木示信」，更具戲劇效果。孫子這一幕，不僅達到將領軍指揮的效率，更充分展現用兵的效用，張力十足，這種管理運作模式，奠定了日後孫子領軍的經營模式。

三、前線的為將者，不一定事事都得聽命於後方君主的命令。孫子所要教育吳王的是：「將能而君不御者勝」，所以「君命有所不受」，否則「亂軍引勝」。孫子畢竟是「外臣」身分，對吳王是有所期待，箇中其實有更高的自我期許；也是希望吳王能夠充分信任，讓他放手一搏，以幫助吳王完成彼此的共同願景與夢想。

四、每一個成功的經營模式，都有很鮮明角色、強烈動機、共同

目標，具有創見的價值。孫子練兵，在吳王面前的公眾場所嚴肅立下規矩，樹立了團隊紀律，創造出具有遠見的領導價值。用經濟學的術語說，這次女子練兵成功的新聞效果，提昇了吳國在諸侯列強的能見度與威望；對吳王而言，帶來更高的效用、更大的價值。因此，吳王雖親眼目睹二位愛姬被殺的血淋淋鏡頭，最後再三考慮還是許以為將而「用之」，顯示吳王願意付出更高的價格。經此一事，孫子在吳國用兵的經營模式得以定調，從此用兵理論與實務密切結合，將偏處中原南方一隅的小小吳國推上了國際舞臺，留下亮眼的歷史紀錄。

吳國由南方蠻夷之邦，一躍成繼齊桓公、晉文公之後的一代霸主，躋身春秋五霸之林，實在得力孫子和伍子胥的功勞。因此，司馬遷肯定說：「當是時，吳以伍子胥、孫武之謀，西破強楚，北威齊晉，南服越人。」吳國霸業的建立，孫子和伍子胥優異的軍事理論和戰術契合是成敗的最大關鍵。

公元前四八九年，伍子胥被夫差賜死，孫武晚年事蹟則不詳。唐代名將李靖說：「若張良、范蠡、孫武，脫然高引，不知所往，此非知道，安能爾乎？」目睹伍子胥大破楚國後，失去人性的瘋狂報復行動，違背了戰勝之後最重要的工作是安頓善後與收拾人心，孫武很不以為然。道不同不相為謀，孫子一如留侯張良，適時飄然遠離是非之地，雖然生死成謎，卻是亂世中趨吉避凶的最佳選擇。

第一

始計 篇

原文

孫子曰：兵者，國之大事，死生之地，存亡之道，不可不察也。

故經之以五事，校之以計而索其情：一曰道，二曰天，三曰地，四曰將，五曰法。道者，令民與上同意也，故可以與之死，可以與之生，而不畏危。天者，陰陽、寒暑、時制也。地者，遠近、險易、廣狹、死生也。將者，智、信、仁、勇、嚴也。法者，曲制、官道、主用也。凡此五者，將莫不聞；知之者勝，不知者不勝。

故校之以計而索其情，曰：主孰有道？將孰有能？天地孰得？法令孰行？兵眾孰強？士卒孰練？賞罰孰明？吾以此知勝負矣。

將聽吾計，用之必勝，留之；將不聽吾計，用之必敗，去之。

計利以聽，乃為之勢，以佐其外。勢者，因利而制權也。

兵者，詭道也。故能而示之不能，用而示之不用，近而示之遠，遠而示之近；利而誘之，亂而取之，實而備之，強而避之，怒而撓之，卑而驕之，佚而勞之，親而離之。攻其無備，出其不意。此兵家之勝，不可先傳也。

夫未戰而廟算勝者，得算多也；未戰而廟算不勝者，得算少也。多算勝，少算不勝，而況於無算乎？吾以此觀之，勝負見矣。

白話文

戰爭的風險代價太高

　　孫子說：戰爭是國家大事，關係著人民的生與死，決定國家的存或亡，不能不認真考察、審慎研究。

決定戰爭成敗的五大因素

　　因此，要以五大因素為綱要，作為蒐集各方基礎情資，隨時比較、分析、研究、評估彼此實力，就能得知戰爭勝敗的真實情勢。這五大基本面是「道」「天」「地」「將」「法」。

　　所謂「道」，是指要使民眾與領導人的願望一致，上下同心同德、同甘共苦，人人絕不會有貳心。所謂「天」，是指戰時戰地的畫夜、陰晴、寒暑、春夏秋冬四季節氣的推移變化。所謂「地」，是指路途的遠近、地勢的險易、地理的開闊狹窄，以及戰場的生死地形條件。所謂「將」，是指將領要具備足智多謀、信賞必罰、愛護部屬、勇敢果斷、治軍嚴明等領導特質。所謂「法」，是指軍隊的組織編制、人事獎懲法規、後勤軍需管理運用。

　　以上決定勝敗的五大因素，身為將領不可能不知道。但是，唯有深入透徹瞭解的人，才能獲勝；如果狀況外，就只好吃敗仗。

滾動管理，隨時校正，比較實力

　　因而，戰前還要經過分析、比較敵我雙方的實力，來探索戰爭勝敗的情勢，包括：哪一方的領導人政治清明，得道多助？哪一方的將領才能更卓越？哪一方的軍隊占有天時地利？哪一方的軍隊執法更嚴正？哪一方的武器裝備更精良？哪一方的士兵訓練更有素？哪一方的將領賞罰更公正？根據以上分析、比較、研判，我就能預知誰勝誰敗。

進退去留，先講清楚

如果聽取我的策略規劃作戰，必能旗開得勝，我就留下來；如果不接受我的戰略規劃，即使用我領兵作戰也必敗無疑，我就離去。

造勢而臨機應變作為

我的策略規劃於國家有利，而且受到領導者採用，接著就要包裝行銷，營造客觀情勢，作為外在的輔助條件。所謂情勢，是要抓住有利的時機，採取權宜而機動靈活的應變作為。

攻其無備　出其不意：欺敵的十二種方法

戰爭，以出奇制勝為最高指導原則。因此，我有實力攻打，要偽裝沒有能力；決定出擊行動，要偽裝按兵不動；打算走近路，偽裝要遠行；決定走遠路，偽裝要抄近路。敵人貪財好利，就以利益誘惑；敵人內亂，趁機襲擊；敵人力量充實，要謹慎防備；敵軍實力強大，要避開不打；激怒敵人，從而擊敗；對敵姿態謙卑，設法使他驕傲而目空一切；敵人以逸待勞，要設法使他疲於奔命；敵人內部團結，要設法離間分化。總之，要進攻他所沒有防備的地方，出擊他所意想不到的時機。以上是克敵制勝的奧妙所在，不可事先傳授。

經過整體評估，就可以預判勝負

戰前在廟堂舉行國安會議，討論戰略規劃，做整體評估預判戰爭能取勝的原因，是由於得勝的籌碼多、獲勝的條件充分，就可以出手；戰前預判無法獲勝的，是因為得勝的籌碼少；勝算多就能打勝，勝算少就無法獲勝，何況沒有勝算，就不能出兵了。我根據廟算的分析、考察、評估，誰勝誰負就一目了然。

警察值勤風險太高——平安無價，勤務無情

元代最後一位皇帝元順帝，在宮中欣賞宋徽宗繪畫作品，臣子拔實忍不住進言：「徽宗就是沉溺於藝術小技而不肯認真致力於國家大事，才會亡國。父子二人被俘虜，他們的遺跡雖留下來，哪裡值得您流連忘返呢？」一國之君不關心軍政大事，只醉心於繪畫藝術才會亡國。

孫子開宗明義道出戰爭的嚴重後果，進而點醒國家領導人必須慎戰，追求和平，千萬不能窮兵黷武，畢竟，戰爭的代價大到無法想像。養兵千日，用在一時，一旦爆發戰爭，上了戰場，前線後方哪有不死人的地方。

而警察工作天天充滿不確定性的挑戰，尤其穿著警察制服執行勤務，進行追捕逃犯或排難解紛的時候，其遇害的高風險更高於軍人，甚至置身於致命的死地而不自知。孫子說：「死生之地，存亡之道」，像是專對警察勤務發出的警告之聲。

二〇二二年八月二十二日，臺南市警員涂明誠、曹瑞傑執行臨時勤務時遇襲殉職，引起各界譁然，更驚動總統、行政院長、立法院長、內政部長、法務部長等相關政府首長的重視，也引發鴻海創辦人郭台銘極端不滿政府的消極作為，並率先捐給兩位殉職員警各五百萬元撫卹金。其實過去發生數起知名殺警案，還有夜店殺警案及嘉義臺鐵刺警命案，雖然最後順利破案逮捕嫌犯。然而「死者不可以復生」，這可不是第一次發生。

二〇〇五年四月十日，臺北縣汐止分局橫科派出所員警洪重男、張大皞分別機巡到農會辦事處簽箱時，遭王柏忠、王柏英持西瓜刀、拔釘鐵鍬尾隨攻擊，奪走警槍逃逸。二〇一四年九月十四日，臺北市

信義分局偵查佐薛貞國在勤餘時間身著便服前往夜店關切民眾鬧事，卻遭七十六名黑道份子持棍棒及刀械圍毆致死。二〇一九年六月十四日，臺南市刑警大隊偵查佐劉三榮與友人到家附近練歌場飲酒，遇到多年前被他偵辦過的男子梅文魁，雙方口角下被射擊致死。二〇一九年七月三日，臺鐵自強號抵達嘉義車站時，鐵路警察局警員李承翰處理旅客補票衝突時，遭凶嫌鄭再由以尖刀刺傷腹部致死。個人在調離三峽分局數月後，也發生一名刑警小隊長追捕通緝犯，窮追不捨，竟遭逃犯以利刃刺死。彰化田中分局員警執行深夜勤務中發現可疑轎車，近車詢問時竟遭歹徒出其不意槍擊重傷。數十年來，警察值勤遇害的事情頻傳，警察值勤總是英勇，卻不時有傷亡壯烈殉職發生。

SWOT分析法是孫子發明的

　　戰爭後果無情，主政者必須具有「無事不惹事，有事不怕事」的嚴肅態度。〈始計篇〉核心概念在「計」，「計」是透過「廟算」的機制，運用五個攸關成敗的基本面，計算雙方實力，進而比較得出競爭優勝、劣敗的動態過程。

　　具體地說，「廟算」機制是執行一切重大任務的發動機，由領導人啟動機制，下達任務指示，設定目標，從選擇適任的指揮官、研析各方的預警情資、瞭解相關法令規章、掌握有利與不利的時空因素等一連串的動態分析過程。

　　動態分析過程，包括定量具體的計算，也有抽象的定性分析，質與量之外，更有逆向思考的藍海策略，多方正反利弊思維後，推算出雙方的優勢、劣勢、機會、威脅，再集思廣益，反覆沙盤推演後，訂出主計畫。成敗利鈍，此時領導人心中有數。

　　因此，孫子將「計」列為《兵法》之首，自有其特殊意義。

　　我國早年實施行政三聯制，學界有PDCA（計畫、執行、查核、行

動）理論，以及現代管理學的SWOT（優勢、劣勢、機會、威脅）分析法，其精神都屬於孫子「計」的精髓。

企業界競爭激烈，SWOT分析法用在企業競爭策略，可以從四個面向分析思考：我們公司有哪些強項？其次，公司的弱點在哪裡？再次，在市場上有沒有獲利的機會點？最後，我們會面臨哪些威脅？以上四點經過逐一分析，條列下來，再來尋找生機出路。

新加坡大學企業管理研究所教授黃昭虎說：「SWOT分析法，最早是孫子發明的」，其實並不為過。如今SWOT分析用於企業之外，又行之於政府機關，也應用於第三部門。然而，誰都無法否認兩千五百年前的孫子，早已具有如此高瞻遠矚分析、解決問題的智慧。

決定戰爭成敗的五大因素——得「道」者得天下

項羽不知麾下韓信、陳平的能耐，兩位將才轉而被劉邦重用，項羽終於兵敗垓下。得民心者得天下，失民心者失天下。決定戰爭成敗的五大因素中以「道」最重要，用兵之前先講治國之道，國家領導人有「道」，施政以民為念，經常與民同甘共苦，深得民心，軍民相信政府，認同而支持領軍將帥，上下就會絕無貳心疑念，遇到國家有難，自然願意挺身出戰，即使赴湯蹈火也不會顧慮自己的安危。

台積電創辦人張忠謀有十「道」經營理念，清清楚楚地貼在公司大門入口處的大牆上，以及許多重要場合公告周知。任何人都知道絕不能違反這天條，如有違犯公司經營文化，不論職位高低，只有走路一條。這就是台積電的「道」。孟子說：「天時不如地利，地利不如人和」、「民無信不立」，正是有「道」的具體寫照。

決定戰爭成敗的五大要素——得「天、地」者得助力

古代出兵作戰受到天候的限制頗多。公元一六五八年打著反清復明旗號的鄭成功，興師要攻打崇明島，遭遇狂風巨浪、雷電交加，船隻動盪，使得反攻南京計畫落空。一八一二年拿破崙進攻莫斯科遭遇酷寒，無功而返。就算在二十一世紀，行軍也不可能風雨無阻，美國攻打伊拉克也要避開大雪。二〇二二年八月強大的美國航空母艦，也得臣服於颱風警報而遠離臺灣海峽。反之，成吉思汗稱雄，好天氣是大功臣。崛起於十三世紀的成吉思汗，建立橫跨歐亞的強大蒙古帝國，實得力於千載難逢的好天候，有利於牧草生長，而為蒙古戰馬提供了豐富的草料。

決定戰爭成敗的五大要素——得良「將」者國家安全有保障

千軍易得，一將難求。成功的將領都有卓越的領導之道，即使黑道大哥也有黑道之道——《莊子・胠篋篇》盜跖說：「做案，首先要懂得精準找到下手的標的物，聖也；行竊的時候一馬當先搶入，勇也；脫離現場的時候，要讓同夥先行離開，由自己斷後，義也；知彼知己，準確判斷可不可以犯案，智也；得手後分贓平均，大家都十分滿意，仁也。」莊子借大盜的話來提醒世人，就算是江洋大盜也要具備聖、勇、義、智、仁等五德，才有資格成為大盜，何況是一位良將？

孫子強調良將應具備「智、信、仁、勇、嚴」五種人格特質。「智」是善觀形勢，通達權變；有先見、更有遠見，遇到危機出現，馬上有敏感度，知所應變、立刻主動化解，進而化危機為轉機。有「信」的人說話算話，賞罰嚴明，說一不二，例如戰國時期趙奢帶兵，令出必行，都打勝仗。吳起與士兵同甘共苦，深得民心，沒有打過敗仗的百

戰百勝將領，這是「仁」的表現。項羽不畏艱難，破釜沉舟，以示必死決心，人人奮勇當先，「勇」冠三軍，終於大敗強秦。周亞夫治軍「嚴」謹，讓漢文帝為之動容，稱他為「真將軍」。

決定戰爭成敗的五大要素——「法」制健全是執行力最大後盾

內行人常說：「兵馬未動，後勤先行」就是這個道理。組織要有紀律，必須建立嚴整的制度，包括組織、編制、官制、官規、經費、賞罰、後勤支援等幕僚法規事項，才能有效運作。

行得通的規定才是好制度。孫子練兵、孫臏帶兵、劉邦「約法三章」，都有章法。法是規範，執法更要有令出必行的執行力。

接下來呢？——隨時認清外在時空環境而及時校正

我們常常感嘆計畫趕不上變化，變化趕不上一通電話，而電話趕不上一句話。身處在瞬息萬變的時空環境中，計畫勢必要正確因應。

為了永續經營，基業長青，唯有重視「校之以計」的「校」——務實的回歸校正，隨時掌握社會趨勢、看準時代脈動，與外在環境變動隨時調整、校正而做滾動式管理、修正，才能同步思考、與時俱進。時下各級警察主管手機二十四小時不離身，秒讀秒回，立即反應的積極作為，堪稱「校之以計而索其情」精神。

戰爭就是競爭，是實力對抗，雙方各項實力的比較評估，勢必要認真老實面對。孫子從決定戰爭成敗的五大要素，鋪陳七項比較，還是以「道」為首要。韓信有備而來的〈漢中對〉、陳平堅定的六問劉邦實力、張良的強勢「八難」論劉項高下、諸葛亮的〈隆中對〉等故事，都是經過比較雙方實力優劣後，就確知下一步該怎麼進行的經典案例。

造勢而臨機應變——在外造勢、助勢，形成優勢

領導者支持行動後，接著要思考如何為領導者在外造勢。計畫決定後，要確認我方占有優勢，而且有執行力。在此環境下，有領導力、方向感、明確目標，加上有團隊的執行力，下一步就要考慮在外造勢、助勢、形成優勢，從外輔佐領導者而建功。

造勢、助勢之前，要盱衡時局，掌握有利的契機，鋪陳設局。例如楚漢相爭，劉邦、項羽纏鬥到最後的垓下對決，韓信施展心理戰，內外布局「四面楚歌」造勢，讓攻無不克的戰神項羽心理崩潰，喪失鬥志而自刎烏江。

攻其無備　出其不意——使被騙的人看不清事物的真相

「兵不厭詐」不是孫子的專利，西方兵聖克勞塞維茲（Karl Von Clauscwitz, 1780-1831）在《戰爭論》說：「一切辦法似乎都無能為力的時候，詭詐就成為最後的手段了。」他認為「詭詐是以隱蔽自己的企圖作為前提……與欺騙很相似……使用詭詐的人要使被騙的人自己在理智上犯錯誤，使他在轉瞬之間，看不清事物的真相。」孫子則提出以「利」為前提的行動最高指導原則，從而衍生出獨到的「詭道」思維——「攻其無備，出其不意」的東方不敗創新法則。

千百年來，《孫子兵法》備受世人敬重與推崇，就只一句「兵者，詭道」飽受文人抨擊。其實，孫子指的「兵」行「詭道」，是用在行軍作戰之間，其情境是指處於危機四伏之中，為了保全自己的家國，要戰勝來犯敵人，不得不用的「最後手段」；而非用在人際之間的做人處事之道。進一步說，「詭道」非常道，是善出奇計而克敵制勝的智慧，唯有孫子、吳起、白起、韓信、張良、陳平等人所能運用。

當年孫子以南方小國之姿，大敗中原的荊楚強國，就是運用「佚

而勞之」的擾楚、疲楚策略，終而大舉攻入楚國首都，進而站上當時的國際舞臺。秦朝「利而誘之」而輕易滅了蜀國。楚漢相爭，漢軍多日羞辱曹咎，曹咎忍無可忍，被激怒而忘了項羽再三叮嚀他只要採取守勢即可，曹咎按捺不住憤怒而貿然出戰，結果兵敗而羞慚自殺。三國時代諸葛亮為激司馬懿出戰，派人送了一套女人衣服給他，藉此羞辱司馬懿像個女人一樣畏縮，殊不知司馬懿絲毫不為所動，不受激怒，諸葛亮無計可施而病逝五丈原。關羽大意失荊州，敗在魏國故意派出年輕無名的陸遜，取代名將呂蒙，讓關羽驕傲而敗。劉邦分化項羽與范增，輕易斷了項羽最重要的臂膀。西漢民族英雄衛青「出其不意」突然深夜急行軍七百里，大破匈奴軍，以上都是「詭道」運用，欺敵而勝敵的案例。

孫子總結十二種「詭道」成一句千古名言：「攻其無備，出其不意。」傳誦至今，歷久不衰。這八字一語道破戰爭取勝的真締，勝利總是永遠留給有準備、準備好的人。

戰爭不能賭氣，更不能賭注

決定戰爭成敗的五大要素，有了充分準備，也比較雙方實力，要戰或不戰，成敗機率有多少，就靠最後的戰前會議討論而得出決策。古代出兵非常慎重，必在朝廷或太廟內也就是在列祖列宗面前做最後的決策。

《那年花開月正圓》火紅戲劇，演出清朝第一女富商周瑩跌宕起伏的傳奇一生，當她面臨了沈二爺苦苦的追求，以及趙大人癡癡的戀情時，為了徹底斬斷眾多追求者的心思，她別出心裁而出其不意，集合家族成員、沈二爺，還請官府代表的趙大人共同見證下，選在宗祠面前鄭重起誓，絕不嫁人。此舉終於徹底擊敗一切追求者的癡心妄想。周瑩善用兵法經營商戰，更懂得靈活運用兵法謀身自保。

打擊犯罪、維護治安的一把尺

現任警政委員廖訓誠解釋，孫子〈始計篇〉：「夫未戰而廟算勝者，得算多也；未戰而廟算不勝者，得算少也。多算勝，少算不勝，而況於無算乎！」警察分局、派出所員警執行日常勤務，都要舉行簡要的勤前教育，提示執勤重點。此外，由於刑事警察的便衣偵查勤務過程格外凶險，因此有無勝算，都是各級長官不時關切的重點。而刑警查緝重大要犯，主責單位都必先擬定詳盡的專案偵查計畫，而部署適當的警力，此因查緝行動的過程千變萬化，往往會出現我們意想不到的案情。因而查緝重大要犯行動前，會先評估、比較敵我雙方的優劣。經過比較、評估後得知我方所占的優勢多，手到擒來的機就會更大；如果對方所占的優勢較多，則我方可能損兵折將而導致任務失敗。由此看來，偵辦重大刑案或緝捕要犯，事先怎麼可以沒有周妥的計畫呢？

民國九十年至九十五年我在刑事警察局工作，主責支援各縣市偵辦擄人勒贖重大刑案類組。支援偵查期間初始，勒贖嫌犯身分及被綁架人質的安危狀況，都狀況不明。為了能有效與案發地區的警察機關展開友善的分工合作，並能迅速建立即時偵查資訊，於是擬定偵查SOP機制，偵查計畫則律定有指揮中心、家屬安撫組、監聽及來話追蹤組、交付贖款組、調查組、鑑識採證組、救援行動組、新聞處理組等，以備不時之需。

過去偵辦擄人勒贖案件的經驗，常見還沒有鎖定擄人嫌犯的真實身分，被害人就先接到嫌犯要求交付贖款的威脅電話。由於涉及贖款要如何交付、人質如何確認安全無虞等變化多端的不確定因素，更需要在行動前研訂周詳的計畫、部署相當的警力以為因應，才不會發生賠了夫人又折兵的雙輸尷尬現象。「多算勝，少算不勝」，詳盡的偵查計畫，永遠是我們警察打擊犯罪、維護治安實戰的一把尺。

故事

【故事一】思源科技董事長黃炎松談《孫子兵法》

電子設計自動化（EDA）教父黃炎松就讀交通大學時，常被誤會要去當交通警察；他三十七歲在美國被資遣，過著領失業金日子。失業期間三個月，黃炎松勤讀《孫子兵法》，用「道、天、地、將、法」仔細分析一遍而創立了益華（Cadence），市值超越新臺幣三千億元。

他回臺灣又創立思源科技，公司重要幹部都是孫子的信徒，更是孫子學說的實踐者。他感嘆將才難得，將才代表人物莫過於台積電的張忠謀董事長，顛覆了全世界的半導體經營模式。

黃炎松用《孫子兵法》悟出創業法門，幫助許多人創業成功。在他眼中，《孫子兵法》比哈佛大學的策略課程還精采而實用。許多人找黃炎松投資，他只淡淡地問：「怎麼獲利？」「何時獲利？」

二十年前新竹市警察局服務，邀請黃炎松到局主講《孫子兵法》，安排時間二小時。他開宗明義講「道」是領導人帶領大家走該走的大道，「道」最重要，大家志同道合，目標清楚。「天」指天時、第一時間、最佳時機；時機難得，稍縱即逝，一去不回，一旦錯失良機，可能全盤皆輸。時機之所以難得，在配合節奏感，抓到時機要恰到好處。「天」有不測風雲，風與雲是流動的，動態不居，也是潮流、千里馬。跟上潮流很重要，當然自己的產品先要夠好。蒼蠅飛不快，但是附在千里馬的馬尾上就飛得很快了。

「地」不動，指公司的定位。站在你的位置上，考慮到時時有競爭，要能秀出你的優點、長處。如果說不出來你的核心價值，也就是沒有「觀自在」，不知道你處在何地，則定位不明。小樹不高大，但是如果長在高山岩石上，侏儒站在巨人的肩膀上，小樹、侏儒都比人高出許多。

「將」是總經理、指揮官，要具備五德——智、信、仁、勇、嚴，才是一位將才。「將」比人和更重要，「將」要「有知識」、「有智慧」。要「信得過」，因為信不過會猜疑。「仁」是要知道如何與人相處。「勇」是敢做敢當，不能只是做好人，都沒在做事，要敢承擔。「嚴」就是嚴格，講好流程該怎麼做，就要嚴格執行。「法」，是指制度規章。

短短的三十分鐘，黃炎松講完了《孫子兵法》。他認為《孫子兵法》的精華，都在這五個字，能體會箇中精義，就夠了。

【故事二】如何鼓舞士氣有妙招：莊亨岱模仿吳起？

首長再有通天本領，幹部如果沒有鬥志，就無法帶動基層，再多兵源也都將是一盤散沙。因此，如何激勵士氣，鼓舞向上，獎勵有功人員，就成為領導人很重要的課題。

前警政署長莊亨岱退休後接受《日新雜誌》專訪時，道出藉開會來鼓舞士氣的妙招：「我在刑事局服務期間，各外勤偵查隊每月召開隊務會報，我必親自參加，會報座位次序都按照每一偵查員該月偵破案件統計績效名次，依序編排座位，第一名排坐在第一位，最後一名則坐在最後位置，讓成績優劣能有所比較。但為了使績效差劣者知所警惕努力，後來他將座位相反編排，把績效最差的調到最前面一排，藉以激發同仁榮譽感、責任心；採行這種方式後，通常該月績效最差的人，在翌月即成為績效最佳、表現優異的偵查員。」

署長莊亨岱一向知人善任，按照每一偵查員該月破案績效高低，依序編排名次前後座位的作法，在警界可能是創舉，卻很有可能是向戰國時代的兵法家吳起取經。史上有「兵家亞聖」尊稱的吳起在《吳子兵法》中，有更細緻的鼓舞而富有教育性的獨到方法：

鼓舞士氣，論功行賞，都是淺顯易懂的道理，巧妙各有等差高下。《吳子兵法・勵士篇》談如何鼓勵將士奮勇殺敵立功。吳起認為打

勝仗要論功行賞，魏武侯採納了吳起的辦法，讓魏軍得以五萬人大破秦國五十萬大軍，獲得全面勝利。

魏武侯問吳起：「賞罰嚴明就能打勝仗嗎？」吳起回答：「賞罰嚴明，未必能打勝仗。發號施令而將士樂意服從、出兵打仗而將士樂於參戰、兩軍交戰而將士樂意戰死。以上三點才是君主最大倚靠。」魏武侯追問：如何才能做到「三樂」呢？吳起說：「您挑選有功人員，設宴款待他們，對無功的人加以鼓勵。」於是魏武侯在祖廟設宴款待，設置前中後三排席位款待，將立有上等功蹟的坐在前排，酒席上擺設珍貴餐具，享受有豬牛羊三牲俱全的高級料理。立下二等功勞的坐在中排，餐具次一等。沒有戰功的坐後排，餐具普通。用餐過後，魏武侯又在廟堂門外賞賜有功人員的父母妻子，也按照戰功大小而分不同等級。至於陣亡將士的家庭，每年派人去慰勞，賞賜他們的父母，表明政府沒有忘記他們對國家的貢獻。

這個辦法施行三年之後，秦國出兵逼近魏國西河地區，魏國軍人不等上級命令，人人自動穿戴盔甲準備奮勇殺敵。吳起請求魏武侯給他沒有立過戰功者五萬人，魏武侯同意辦理，並追加給五百輛戰車、三千匹戰馬。交戰前一天，吳起命令三軍說：「各位隨我去作戰，如果乘戰車的不能繳獲敵人的戰車，騎兵不能擄獲敵人的騎兵，步兵不能俘虜敵人的步兵，即使打敗敵人，都不算有戰功。」

秦、魏交戰那天，吳起發布軍令簡要不煩，卻能以五萬人迎頭痛擊五十萬大軍，吳起以寡擊眾而大勝秦軍，聲名威震天下。

【故事三】什麼時候才是行動的最好時機？聽周公還是聽姜太公？

周武王伐商紂的途中，突然遭遇雷電交加，暴風雨驟至，戰鼓、軍旗都被摧毀折斷，武王的座車也被擊中，戰馬受到驚嚇而不前。

面對突如其來的災異，周公立即占卜，得到凶兆，此行有違天意，感覺大事不妙。而同行的姜太公不以為然，他認為戰爭成敗的關鍵在於人事，不在天意；天意無人知道、看到，而商紂王殺了比干、囚禁箕子賢臣，任用奸臣飛廉執政，大失人心，此時為何不討伐暴政？為何不信人事而竟然相信算命用的龜殼與枯草？姜太公不顧周公反對，遂將龜殼與枯草通通燒毀，繼續擊鼓前進，終於一舉消滅了暴君紂王。

這個故事告訴我們：周公相信占卜結果，重視天意；而姜太公是務實的軍事家，相信人事，理性看待施政者的民意依歸。

北魏拓跋珪征討南燕慕容麟時，出征當天正好遇到甲子晦日。太史晁崇警告：「以前商紂王就在甲子日滅亡的。」拓跋珪反問：「周武王討伐紂王，難道不也是在甲子日戰勝的嗎？」太史晁崇啞口無言。拓跋珪於是發動攻擊令，果然大破慕容麟。

這個故事告訴我們：「天」不是虛無縹緲，而是代表著民意支持度高低，呼應了孫子之「道」，得「道」者得民心、得天下的道理。

【故事四】不看時機說話的歷史悲劇──洪仲丘與淳于越

二〇一三年六月二十六日陸軍下士班長洪仲丘，再過十天就要退伍；當天他參加旅長沈威志少將主持的退伍離營官兵座談會。他向旅長提出建言，指出「連上上士內務都很凌亂，還要求我們查士兵內務」，隔天洪仲丘就被檢查內務，後來被關在一間通風不良、悶熱的禁閉室，以及連續六十分鐘的操練。他臨別放炮，招來了致命危機。（取材自2013年7月17日《聯合報》頭版頭條新聞）

秦始皇有焚書，並沒有坑儒。焚書之禍，要怪那不識時務的儒生淳于越，他不看時機說話，大義凜然慷慨陳詞，大肆批判時局，意外

引爆有史以來第一次中華文化浩劫。

話說公元前二一三年，咸陽宮置辦酒會，秦始皇宴請群臣。博士七十人受邀參與盛會，共度君臣歡樂時光。這時博士僕射周青臣等人善頌善禱，頌揚秦始皇的威德，大大滿足了皇帝的虛榮心。

而博士淳于越卻站出來慷慨陳詞：「商周兩代能統治千餘年，是因為實施封建制度，才能發揮拱衛中樞的屏障功能。如今陛下不肯學習古代智慧，不肯分封子弟、功臣，萬一發生叛亂，哪有諸侯相救？」他因此下結論：「不向古人學習，國運不能長久。」說完後，竟附加一句損人而不利己的話：「如今周青臣等人又當面阿諛奉承，讓陛下一錯再錯，就是在陷害皇帝啊！這種人絕非忠臣！」淳于越發言至少連罵了君、臣二人；一位是秦始皇帝，另一位是他的直屬長官周青臣，還有暗損了其他博士同事而不自知。

秦始皇喜怒不形於色，把淳于越的建言交給丞相李斯議論。任誰都意想不到，淳于越善意的建議及批判，竟引來雪崩式的反擊。

丞相李斯故意扭曲淳于越的本意，上書說：「古代由於天下散亂未能統一，所以各國割據就地稱王。當時很多人喜歡歌頌過去，非議現狀，妖言惑眾，混亂事實；人人吹噓自己的學問最好，而大肆批判國家政令。現在您已統一天下，確定了是非尊卑而定於一尊，竟然還有書生以自己所學誹謗國家法制；他們聽到新政令，紛紛妄加非議；在家心懷不滿，在外則大發謬論，以批評皇帝來自抬身價，隨意標新立異，實際在鼓動民眾詆毀政府。此一趨勢如果不予禁止，那麼皇帝的權威將被打臉，而基層民眾會結黨營私；因此，非禁止這種歪風不可。另外，請一併將現有《詩》、《書》及諸子百家書籍都丟棄。如果令到三十天還未焚書，就要處以黥刑，並且發配邊疆去修築長城。只需保留醫藥、卜筮、種樹等工具書。如果有人想學習法規，可以就近拜當地官吏為師。」秦始皇立即批可。

這個政策，就是人人皆知的「焚書」歷史悲劇。

在輕鬆歡樂的場合，以莊重態度提出嚴肅建言，時機適宜嗎？

淳于越善意，卻不瞭解皇帝的心意，也誤判情勢。試想十三歲就當上秦王的嬴政，三十九歲已滅亡六國而一統天下稱帝，這年他坐上帝位已八年，正是志得意滿、睥睨天下的時刻。而淳于越不察時局，不知始皇帝的風華氣勢，竟敢下指導棋，豈非自討苦吃，難怪李斯毫不客氣地大肆批判：「固非愚儒所知。」現在是現在，過去是過去，「三代之事，何足法也？」狠狠打臉淳于越，不僅打擊了博士的無知，更加碼另闢戰場，追究禍源，藉機燒光所有的《詩》、《書》、百家的經典之書。

知識分子建言精神可嘉，又何必罵人，罵人何必株連長官呢？

淳于越不看場合、時機說話，因而貽禍千年。

【故事五】趙警官廟算精準，保密脫身

有一年我國青年訪問團到美國賓州大學表演，警官學校出身的團長趙守博先生風聞中國大陸派出多人從紐約包車將來鬧場。經過領隊多方查證後，情報果然正確，立刻決定二大原則：一是必須照常在賓州大學演出；二是團員要保護周到，安全進場，順利演出，安全離場。

接著訂定策略作為：原訂當日晚上八點演出，提早一小時舉行；八點整，全體團員必須由指定的側門離開；海報等到下午四點才張貼，請觀眾提早到場觀賞（預判對方雇車一輛，下午三點半從紐約出發，約八點才到大學，時已演完，可避免衝突）；發動愛國師生全場戒備；舞臺兩邊安排學生阻擋有人上臺鬧場；觀眾席也安排位置可及時制止不軌行動；另請賓州大學校警在場維持秩序；最後決定要絕對保密，不可外洩。這一切都在訪問團的掌握中，果然圓滿演出，也安全脫身。

　　一個團隊的演出，遇到危機，就要能迅速找到有利於己的腹案，研究反制對方的陰謀，才能度過難關，全身而退。其中最重要的是，要團結才有力量，要保密才能發揮力量，切記孫子名言：「不可先傳也。」狀況瞬息變化，事先要保密，不可多嘴愛現，否則全功盡棄。

【故事六】劉邦不顧天時而行動的下場

　　劉邦、項羽兩大軍團對抗，造成民不聊生，北方冒頓趁機崛起；那時冒頓手下能彎弓射箭的勇士高達三十萬人，匈奴實力達到頂點。北方所有的夷狄諸國都被冒頓征服，南方則與漢朝分庭抗禮。

　　此時，漢朝統一中原，派韓王信到北方的代地駐防，建都馬邑城。西漢六年，匈奴重兵包圍馬邑城，韓王信不敵而投降匈奴。匈奴直逼晉陽城下。此時漢高祖劉邦執意御駕親征，時值天寒地凍，又遇暴風雪，士卒凍壞手指的十有二三，非常不利南方人在北地活動。

　　這時冒頓假裝敗逃，引誘漢兵追擊。漢軍一路追擊，而冒頓把精銳部隊隱藏起來，只讓老弱殘兵現身。劉邦見獵心喜，親率小部隊騎兵先趕到平城，大部隊一時無法趕上前來會師。這時冒頓突然派出四十萬精兵殺來，將劉邦等人圍困在白登山上，漢軍一連七天斷糧。

　　劉邦束手無策，最後幸有智多星陳平獻策，才能脫險。

【故事七】陳平精算而生擒戰神韓信

　　西漢六年，有人上書控告百戰百勝的楚王韓信謀反。

　　劉邦此時已登上帝位第二年，召見群臣，詢問應當如何處置？

　　眾將領聽到韓信想要謀反，異口同聲說：要盡快出兵，逮捕這小子，還要將他活埋。劉邦有聽沒有到，不做決定。他心知肚明這些官員的底細，根本沒有一位將領是韓信的對手，他們只會出一張嘴說大話。劉邦此時此刻，反倒沈默不語。

　　劉邦不知如何下手是好，於是請教陳平。陳平先是一再推辭，不願提出意見，但他大概也意識到劉邦已下決心要處置韓信，再也無法坐視不管。

　　陳平先問劉邦：「將領都是怎麼說的？」劉邦便把大家急欲發兵坑殺韓信的話全都告訴了陳平。

　　陳平再問劉邦：「檢舉韓信謀反的書信，有人得知嗎？」劉邦說沒有。陳平三問：「韓信本人知道這回事嗎？」劉邦說還不知道。陳平心裡便有底了，遠在楚國的韓信竟然還毫不知情。只要這兩個條件成熟，捉拿韓信便簡單不過了。

　　陳平四問劉邦：「請您評估一下，陛下掌握的精兵與韓信相比，哪一方比較兵強馬壯呢？」劉邦直率地回答：「我們的軍隊實在不如楚軍。」

　　陳平五問劉邦：「陛下將領用兵有能勝過韓信嗎？」陳平的用意是要讓劉邦自己好好省視，中央所有的軍事實力，和領兵的將領，是否都有能力與韓信交鋒？等劉邦清醒的領悟到無論是軍力或將領，都不是楚國對手，要想要捉拿韓信，若還是依著血氣衝動，便草率地發兵攻打楚國，豈不等於是以卵擊石，非但不是良策，還可能會招來許多無窮禍患。劉邦思索後才說自己不如韓信。

　　陳平於是對劉邦六問而直言：「您的軍隊不如楚國精銳，而將領也大不如人，如果想舉兵出擊，簡直是逼韓信與您決戰，真為陛下擔心呢！」劉邦被陳平這一當頭棒喝，便當場立即醒悟過來，他一如往例地誠懇請教陳平：「該怎麼辦呢？」

　　陳平此時才獻計：古時候有天子巡視各地，會見諸侯的先例。現在南方有個雲夢澤，陛下只要假裝巡視雲夢澤，再到陳縣會見諸侯。因為陳縣正好位在楚國西部，不在楚國境內；韓信聽聞天子好玩出遊享樂，就不會想到要做軍事防備，而會直接地前往郊外去恭迎您。正

當他拜見之時，陛下即可趁機擒住他，這只需派一個大力士就能辦成。

劉邦於是派遣使者昭告諸侯，宣稱他即將要南巡出遊至雲夢澤，所有的諸侯都必須前往陳縣集合，以等候會見。果然劉邦還未抵達陳縣，韓信已在郊外路上準備迎接。劉邦早已事先部署武士，見到韓信，立即將他抓住，再以繩索綑綁，載到後車上。等待陳縣會合諸侯後，將韓信帶回洛陽，再赦免韓信，而改封為淮陰侯。

劉邦在戰前舉行最高國防會議，先聽大家的看法，而後傾聽陳平的具體「七計」多方評估，再做決策，這就是孫子講的「廟算」「用而示之不用」又是：「攻其無備，出其不意」的精隨。孫子強調：「此兵家之勝，不可先傳也。」以上都是陳平活用孫子「廟算」之道的經典案例。

【故事八】詭道──張良出爾反爾，出奇計而取勝

張良為了報仇，狙擊未遂，激怒秦始皇下令全國大搜索。他躲到下邳逃避秦始皇的追殺。十年後，巧遇沛公劉邦，張良屢屢以《太公兵法》說給沛公劉邦聽聽，沛公非常認同，並且常用其策略。

劉邦二次與項羽談判，相互約定以鴻溝為界，彼此撤軍，軍人都高呼萬歲，終於可以喘息。不料張良說爾反爾，翻臉不認帳。張良兵行「詭道」，居然不顧楚、漢鴻溝之約，指導劉邦毀約而追擊項羽，以取得壓倒性的勝利。此乃兵不厭詐的一貫策略，果然奏效。

張良善用《孫子》的動態思維──「校之以計」，經常滾動式掌握最新狀況，通曉全般情勢，能及時而得時的超前部署。秦二世二年，劉邦率反秦軍隊西入武關，秦王子嬰殺了趙高後，重兵據守嶢關，與劉邦軍形成對峙。首席軍師張良初試啼聲，立即活用《孫子》「非利不動」戰略思維，無時無刻、校正計策的可行性分析，不斷回報最新情

資，以保持高度戒備狀態。因此，當劉邦軍劍指嶢關——準備突破最靠近秦朝心臟地區的關塞戰役；為了萬全，以防瞬間生變，張良的執行步驟順序為：首先，情報先行，知彼知己「凡軍之所欲擊，城之所欲攻，人之所欲殺，必先知其守將。」其次，張良「知敵之情」後，得知秦嶢下軍實力不弱，又得知其守將是「屠者子」出身，屠夫兒子都是貪財好利之徒，於是張良提醒劉邦要有危機意識，絕不能掉以輕心。再次，張良接著「示形」故布疑陣，讓秦軍不知漢方虛實。再其次，他又獻計建議劉邦派令超級說客酈食其、陸賈，持重金珠寶利誘好利的「屠者子」誘使秦將叛秦，並且曉以利害，「屠者子」果然接受賄賂而倒戈，願意合作俱西襲擊咸陽。至此，理應告一段落，就等待雙方結盟將攻進咸陽。

然而，張良總是比任何人想得多、更周全。行百里者半九十，張良深知隨時要「校之以計，而索其情」；張良就是擔心秦軍士卒不服「屠者子」守將的領導，將會生亂而功虧一簣。最後，張良又建議趁著秦軍鬆懈時，「攻其無備，出其不意。」劉邦於是引兵大破秦軍。遂進兵至咸陽城下，秦王子嬰知道大勢已去，只好出門投降劉邦。

張良兵行詭道，出爾反爾，為劉邦出奇計而輕易取勝。

【故事九】劉敬識破「用而示之不用」的詭計

西漢七年，韓王信造反，劉邦帶兵親征。軍隊走到晉陽，派人出使匈奴，探聽虛實。匈奴把青年壯士及肥大牛馬都藏匿起來，以致漢朝使者只見都是老弱殘兵及瘦弱的牲畜。派出十批使者看到的假象，卻都信以為真，報告劉邦說可以攻打匈奴。

劉邦不完全相信報告，另派遣劉敬，出使匈奴一探究竟。

劉敬回報，說：「兩國相擊，此宜誇矜見所長。今臣往，徒見贏瘠老弱，此必欲見短，伏奇兵以爭利。愚以為匈奴不可擊也。」劉敬觀

察入微，無疑判斷正確，可是二十餘萬漢軍已經出發，劉邦大罵劉敬，說：「你這齊國的奴才，仗著口才，才獲得一官半職；現在竟敢一派胡言亂語，沮喪我軍士氣！」於是把他囚禁在廣武。

劉邦御駕親征，揮軍北上至平城，匈奴果然奇兵傾巢奔出，把漢軍圍困在白登山。七天之後，採用陳平奇計脫困而出。

劉敬見微知著，素有敏感度，破解匈奴「用而示之不用」之計。劉邦回到廣武城，立即赦免劉敬，對他說：「吾不用公言，以困平城，吾皆已斬前使十輩言可擊者矣。」並且重賞劉敬。

【故事十】「朝三暮四」新啟示：「因是」藝術可以解決問題

有一位養獼猴人家，每天早晚餵食眾猴子山果，由於資源有限，他宣布配給制度：「朝三暮四」，早上給三顆果實，晚上給四顆；眾猴子聽了都很不爽，怨氣沖天而大發猴脾氣。

養猴人家見狀，唯恐不可收拾，於是見風轉舵，立刻改弦更張，來個政策急轉彎，改口說：「既然大家反對，為了尊重大家的感受，那我們就『朝四暮三』，如何？」眾猴子都轉怒為喜。

「朝三暮四」與「朝四暮三」名號相異而實質相同，總量管制不變，數字未增未減，而眾猴子有喜怒情緒的變化，只是牠們一時的感受差異而已，其實並未超出養猴人家既定的預算額度。

養猴人家真是管理達人，不堅持己念，而完全順應眾猴的情緒反應而回應，對於眾猴高亢而反對情緒的怒聲，立即聽到而且聽入耳，當作一回事，完全給予應有的尊重而變化，因而很快平息獼猴眾怒。養猴達人用的方法就是「因是」，意即《莊子》「因其所是而是之」，相對的，「因其所非而非之」。

由此可見，猴主人的心與獼猴同心同步，他的行動節奏也與獼猴

的步調同行；喜怒哀樂的陰陽變化既然全寫在猴臉上，那就以猴子的喜樂感受為施政的唯一準繩。猴主人甚至認為，主僕之間的尊卑沒有差異可言，獼猴的心常在我心，就是我的心，牠們既然敢當眾提出異議，公然反對主人的糧食新政策，並非用什麼暗黑邪惡力量，便不是衝著主人而來的當面挑戰其威權，更無需對號入座，自然就談不上有什麼難堪的羞辱、打臉事情？

眾人各有立場，需求不同，故而見解不一，乃自然現象，但我們不能否認各人的所見。如果能依各人所見而肯定其所見，「因是」對方，必定贏得尊重。進一步說，施政者想設定主題、創造新議題帶動風潮，就要先站在眾人立場，以民意為尊為依歸，絕不站在民意的對立面而逆風一意孤行。

孫子教誨：「道者，令民與上同意也，故可以與之死，可以與之生。」養猴人家不以眾猴反對為忤，斷然朝令朝改，不惜修正剛發布的新政策，而贏得眾猴心的支持，自然可以安心永續經營。

【故事十一】辦案要有周密的計畫

「夫未戰而廟算勝者，得算多也；未戰而廟算不勝者，得算少也。多算勝，少算不勝，而況於無算乎！」凡查緝重大要犯，必先擬定偵查計畫、部署警力，此因每次查緝行動的過程千變萬化，因此查緝重大要犯之前，必先評估、比較敵我雙方的優劣；如果我方所占的優勢較多，手到擒來的機會便很大；如對方所占的優勢比我方多，則可能損兵折將，導致任務失敗。偵辦重大刑案或緝捕要犯，怎麼可以沒有計畫呢？

民國九十年至九十五年在刑事局服務，主責支援偵辦擄人勒贖案重案類。偵查初始，不明嫌犯身分及被綁架人質安危，為了能有效與案發地的警察機關展開分工合作，並迅速建立偵查資訊，於是有擬定

偵查SOP機制，計畫中律定有指揮中心、家屬安撫組、監聽及來話追蹤組、交付贖款組、調查組、鑑識採證組、救援行動組、新聞處理組等任務編組。

也是因為擄人勒贖案件經常還沒鎖定嫌犯身分，就接獲交付贖款電話，出於涉及贖款如何交付、人質是否確認安全等變化多端的不確定因素，更需要以周詳的計畫部署以為因應，才不會出現賠了夫人又折兵的情況。

（作者廖訓誠，現任警政署警政委員）

【故事十二】韓信精采的〈漢中對〉

劉邦拜韓信為大將後，請他入座，接著問：「丞相蕭何多次大力推薦你，請你教我高明的戰略計策。」韓信反問劉邦：「現在東向爭奪天下，真正對手是項王？」劉邦承認；韓信再問劉邦：「您覺得勇敢剽悍仁慈各方面，會強過項王嗎？」劉邦先是沉默良久，才說：「實在不如他。」韓信於是起身向劉邦跪拜，說：「我也認為大王確實不如他。然而我曾在他的麾下工作，知道他的為人。」韓信接著向劉邦獻上了著名的〈漢中對〉，分析當時天下形勢。

韓信說：項羽的優劣勢如下：

一、項羽大吼一聲，成千上萬的人都會嚇得癱軟在地，他很勇猛；可是他不能任用有才幹的人，這樣的勇猛只是匹夫之勇罷了。二、項羽謙恭有禮，仁愛慈祥，誰要是生了病，他都含著眼淚給對方送吃送喝；可是等到對方立了功，該封官獎賞的，他卻將贈送人家的官印放在手裡把玩半天，玩到印章的稜角都磨圓了還捨不得送出去，如此說明他的仁愛，只是一種婦人之仁而已。三、項羽雖然成就了今天的霸主事業，所有諸侯都對他拱手稱臣；可是他不聽高人建議定都關中，反而建都在彭城。四、項羽還違背了當初義帝與大家的共同約

定：誰先攻進關中，誰就可以當關中王。五、項羽私自將自己親信都
封王，因此各路諸侯都對他不滿。六、項羽把義帝趕到江南去，各路
諸侯的將領也紛紛仿效，將自己的國君趕到不好的地方去，自己占住
好地方。七、項羽軍隊所到之處無不燒殺擄掠，都成焦土，天下人對
他怨聲載道。八、「名雖為霸，實失天下心。故曰其彊易弱。」項羽現
在的強大只是暫時的，他已經失去了天下人心；因此它的強大容易趨
弱。

　　至於劉邦方面，只要反其道而行就行：一、只要是勇敢善戰的
人，就任用他，哪有什麼敵人不能摧滅的。二、只要打下一座城池，
劉邦就將它封給有功的人，哪還有什麼敵人不能征服。三、召集反抗
殘暴的義勇兵，讓他們跟隨打回老家去，哪還有什麼敵人不能打垮。
四、現在被項羽封在關中的三個諸侯王：章邯、董翳、司馬欣，都是
秦朝投降的將領，他們陷害二十多萬關中子弟被活埋，關中父老都對
他們恨之入骨。五、劉邦率先入關中，秋毫無犯，與民約定法律只有
三條，關中百姓沒有一個不希望劉邦能在關中稱王。六、劉邦本來依
約當作關中王，關中人民都知道這個道理。如今被項羽逼到漢中，關
中百姓都為劉邦憤慨不平。七、現在劉邦要想打回老家，只要對三秦
地區發個通告，不用打仗，關中就可以回到劉邦手中。

　　聽了韓信一席話，劉邦大喜，重新燃起爭鋒天下的信心。韓信的
〈漢中對〉讓劉邦深感相見恨晚，於是依計執行。韓信的利弊分析，後
來都成為劉邦爭霸天下的指導原則。後來事實也驗證了韓信洞燭機先
的眼光，絕不亞於諸葛亮的〈隆中對〉。

第二
——
作戰 篇

原文

孫子曰：凡用兵之法，馳車千駟，革車千乘，帶甲十萬，千里饋糧；則內外之費，賓客之用，膠漆之材，車甲之奉，日費千金，然後十萬之師舉矣。

其用戰也勝，久則鈍兵挫銳，攻城則力屈，久暴師則國用不足。夫鈍兵挫銳，屈力殫貨，則諸侯乘其弊而起，雖有智者，不能善其後矣。故兵聞拙速，未睹巧之久也。夫兵久而國利者，未之有也。故不盡知用兵之害者，則不能盡知用兵之利也。

善用兵者，役不再籍，糧不三載；取用於國，因糧於敵，故軍食可足也。

國之貧於師者遠輸，遠輸則百姓貧。近於師者貴賣，貴賣則百姓財竭，財竭則急於丘役。力屈、財殫，中原內虛於家，百姓之費，十去其七；公家之費，破車罷馬，甲冑矢弩，戟楯蔽櫓，丘牛大車，十去其六。

故智將務食於敵，食敵一鍾，當吾二十鍾；蔥秆一石，當吾二十石。

故殺敵者，怒也；取敵之利者，貨也。故車戰得車十乘已上，賞其先得者，而更其旌旗，車雜而乘之，卒善而養之，是謂勝敵而益強。

故兵貴勝，不貴久。故知兵之將，生民之司命，國家安危之主也。

白話文

戰爭就是不斷燒錢

孫子說：大凡用兵作戰的法則，出動戰車千輛、運補車千輛，武裝士兵十萬人；還有，不遠千里輾轉運送糧食物資。這樣前線、後方裡裡外外的經費支出，包括外交戰、間諜戰開銷、車輛器械維修物資、武器裝備修繕供應等等開銷，每天耗費超過黃金千斤之鉅，做好了以上準備，然後十萬大軍才能開拔出動。

出兵作戰務必速戰速決

這樣天價的大軍出征，務必追求速戰速決，早日旗開得勝。

如果戰事曠日持久，一定兵鋒受挫、兵疲馬困，國家元氣大傷。

如果強力攻城，會造成兵力折損耗盡；長期在外征戰，容易導致國家財政拮据。而軍事行動一旦疲困，士氣就低落、兵力會折損、財源將枯竭，其他諸侯國就會抓住我對外用兵的流弊，乘此困頓危局而來偷襲。到那時候，即使有足智多謀的將領也難以挽回殘局。所以，用兵作戰寧可指揮樸拙而迅速得勝，並未見有指揮花俏曠日持久而取勝的。戰事久拖而對國家有利的戰法，我從未聽過。因此，不盡瞭解用兵之害，就無法體會用兵之利。

就地取材解決糧食問題

善於用兵的將領，不會再三徵兵，也不會多次輾轉運補糧餉。

先從國內徵用軍需物資一次以後，未來的軍糧補給必須在敵國就地解決，這樣做法，軍需才能得到充分供應。

拉長戰線的嚴重後果

發動戰爭，會導致國窮民困，原因有二：一是由於軍隊遠征他

鄉，從國內到他鄉輾轉運輸源物料，將會使百姓疲於奔走而日益貧窮。二是駐地附近的民眾會哄抬物價而飛漲，物價上漲將會造成百姓財物枯竭，財源枯竭就會急於加徵課稅。由於國力耗盡、財源枯竭，後方家家經濟結構受到破壞而陷入空虛，百姓財產消耗十分之七；國家的財政、車輛毀損、戰馬疲病，盔甲、弓箭、槍戟、盾牌以及運輸用的牛、車等等，耗損了十分之六。

糧食問題務必就地解決

所以，足智多謀的將領，有關軍糧補給問題務必設法在敵方就地解決。就近取用敵人糧食一鍾，相當於從本國運來二十鍾；就地消耗敵國草料一石，相當於從本國運來二十石。

激勵士氣，善待俘虜

因此，要奮勇殺敵，必須激起他們有同仇敵愾的怒氣；要奪取敵人的資財，就必須用物質賞賜作為獎勵。所以，在車戰中，凡是能夠奪取敵方戰車十輛以上的，要獎賞那最先奪得戰車的人，並且取下對方軍旗，換上我方旗幟，再將繳獲的戰車予以混合編組，納入我方戰鬥行列。此外，還要善待俘虜，加以鼓勵、撫慰、善待，千萬不可妄加傷害，這就是所謂既戰勝敵人，又使得自己的實力更加壯大。

用兵貴在速勝

因此，用兵作戰貴在速勝速決，而不能曠日持久。

將領優劣決定軍民安危

所以，深諳指揮作戰的將領，是決定人民生死的操盤手，也是國家安危的主宰者。

工欲善其事，必先利其器

俗話說：兵馬未動，糧草先行。

本篇主旨有三：一、計畫已定，接著強調戰前準備工作的重要性，包括人力、物力、財力等資源的整備，尤其必先考慮外食問題，否則後勤補給發生問題，將造成嚴重負擔，勢必拖垮國家財政。二、論述速戰速決的效益，以及持久戰的風險。三、強調如何激勵士氣，如何善用俘虜，才能勝敵而益強，這在春秋無義戰的年代，真是難能可貴的人道關懷。

凡事必須從大處著眼，從小處做起；否則一定落得眼高手低的窘境，或流於好高騖遠的下場。戰爭不是兒戲，生命無價，孫子談戰前準備：交通工具、武器裝備、糧食、經費、傷亡醫療、物資補給、修復等財力、物力的物資條件，從而歸納出「速勝」的必要與「久拖」的危害。

發動戰爭就是不斷燒掉人民的血汗錢

野心政客窮兵黷武攻城掠地，擴大勢力，雙方都要付出代價，付出的成本都是天價，全都是人民的血汗錢。

日本二戰期間，陸軍衝鋒陷陣受挫，指責海軍不配合，其實海軍不是不戰，而是沒有石油可用。日本侵略我國，宣稱「以華制華，以戰養戰」策略，狂言「三月亡華」，我「以空間換取時間，持久作戰」，中日戰爭久拖八年，日本無法速勝的結局就是無條件投降。

美國耶魯大學經濟學家諾德豪斯（William Nordhaus, 1941-）指出，絕大多數發動戰爭的國家，不是高估戰勝的機會，就是低估戰爭的艱

困。例如美國內戰對北方各州造成的直接預算成本，是戰爭最後統計出成本的十二倍以上。

美國有史以來，付出代價最高的戰爭是第二次世界大戰（1941-1945），傷亡人數與戰爭花費，以當今物價水準推估是2兆9000億美元。其次是越戰（1964-1972）4,943億美元、韓戰（1950-1953）3,359億美元、第一次世界大戰（1917-1918）1,906億美元、波斯灣戰爭（1990-1991）761億美元，都是以億起跳。

而政府總是低估戰爭的成本。據國安會前秘書長蘇起指出：第一次世界大戰期間，中國大陸死傷三千五百萬人、日本五百萬人、韓國半島三十五萬人，而臺灣也有三萬人。英國前首相布萊爾在回憶錄坦承把英軍帶到伊拉克戰爭中，令他極度痛苦；他以「夢魘」形容戰爭的可怕。布萊爾再三強調，期望餘生能彌補一些伊拉克戰爭所造成的悲劇，也宣布把回憶錄稿費收入捐給英國退伍軍人協會。但是，許多在伊拉克戰爭中犧牲性命的英軍家屬及反戰人士對他仍不諒解，指稱他的雙手沾滿血腥，流的是假惺惺的淚水。（取材自2010年9月2日《中國時報》焦點新聞）

唯有戰死的人，才知道戰爭的結果

忠於原味的戰爭電影《黑鷹計畫》（Black Hawk Down）中，片頭字幕打出柏拉圖（Plato）的警語：「唯有死者，才知道戰爭的終結（Only the dead have seen the end of war.）」這是描寫一九九三年美國出兵攻打東非索馬利亞失利的戰爭大片。看到平時青春稚嫩的臉龐，不得不上了你死我活的殺戮戰場，既勇敢又無知——只為了同袍弟兄而急著上戰場廝殺、陣亡。

出兵作戰要速戰速決──持久戰注定失敗

二○○六年二月，美國總統布希在國情咨文報告說，當美、伊戰爭定位「持久戰」（long war）時，就已注定失敗的命運。軍隊出兵千里，長期在外征戰，大量耗損國內的經濟與財力，戰爭時間一拖再拖，國家費用支出一定短絀，財政也會被拖垮。

臺灣諺語：「未想贏，先想輸」，就是提醒後人要有憂患意識。做任何事之前，要先考慮避免招致不良後果，才能趨利避害。如果戰前的「廟算」預判出兵不利，勞民傷財，損人又不利己，甚至有黃雀在後「乘其弊而起」的潛在危機，指揮官更要三思而後行。

歐巴馬得以取代布希總統大位，也是美、伊戰爭持久戰七年的獲益者。美國子弟在伊拉克陣亡高達四千餘名，受傷三萬餘人；久戰不決，大家早已厭倦戰爭。歐巴馬終於在二○一○年九月宣布結束「伊拉克自由行動」，畢竟美國付出龐大的人力與物資代價，經濟疲困，失業率上升。美國終於嚐到「屈力殫貨」的戰爭惡果，美軍在二○一○年撤出伊拉克，全力拚經濟才是硬道理。

激勵士氣，招降納叛善待俘虜

日內瓦公約規定：「戰俘必須享有人道的待遇與保護，並尊重其人身與榮譽。」英國《太陽報》在二○○五年五月二十日刊出伊拉克前總統海珊在獄中赤裸上身的照片後，引發排山倒海的批評聲浪。當年不可一世的梟雄，如今淪為階下囚，不堪入目、聞問。

要勝敵而益強的條件是招降納叛、轉化成為我所用的資源，不斷提昇自己的優勢競爭力，才能強化自己的體質而愈戰愈強，愈戰愈勇。韓信、陳平等人從項羽陣營投奔劉邦，都受到重用，其理可知。

用兵貴在速勝——開戰不能無視於代價

　　「對於正義的追求，不能無視於代價！」（The demand for justice is not independent of its price）美國現代知名「法律經濟學」學者蒲士納（Posner）如是說。他一語道破戰爭爆發後，主事者都要付出殘酷的代價。因為只要戰爭一經發動，必然死傷無數、財政困窘、家破人亡、重建療傷等等問題接踵而來。因此，孫子主張：「不盡知用兵之害者，則不能盡知用兵之利也。」畢竟「戰爭是死亡的筵席（War is death's feast）」，布希總統認錯，英國首相布萊爾易人，一干策士、軍閥的「傑作」，不就應驗了西方諺語：「戰爭是野蠻人幹的事」（War is the business of barbarians.）嗎？凡事都要能從正、反兩面及利、弊兩端同時並陳思考，才能作出周妥的理性選擇，這就是傑出領導人應有的思維。

故事

【故事一】大興土木要衡量時機：韓昭侯

　　春秋戰國時期，韓國地小力薄，而君王不思圖強，又勞民傷財大興土木，只圖個人享受，國力每況愈下，只好任人宰割。

　　韓昭侯二十五年，國內發生嚴重旱災，昭侯竟無視天災危機，各地亟待賑災善後，卻著魔似的執意要徹底修建宮殿大門。當時出使韓國的楚國大夫屈宜臼預言：「韓昭侯是不可能走過這道大門了。因為他建造的並不是時候。我說的『時候』，不是指良辰吉時，也不是指有宜有忌、有利不利的迷信。過去韓昭侯曾有適當的時機，那時候為什麼不去修建宮闕高門，卻選在去年秦國攻占韓國大鎮宜陽，加以今年遇到前所未有的旱災時而大興土木？韓昭侯為什麼不在這個關鍵時刻去感受災民的憂傷與苦難，共體時艱，認真撫卹災民；反而極其奢華，浪費公帑，建什麼宮闕高門呢？這就是所謂時機不好，反而大肆鋪張的奢侈行為。」韓昭侯二十六年，宮殿高門終於竣工，那年昭侯去世。屈宜臼的預言果然成真，韓昭侯再也走不過這道新建大門。

　　韓國在戰國七雄中實力最弱，而地處天下要衝，是強秦東出征服六國的必經之地，也是六國連橫抗秦的主要戰場，其腹背受敵，悲慘命運可知。韓昭侯有心變法圖強，曾重用法家申不害實施變法，卻半途而廢，改革只是曇花一現。

　　韓昭侯有機會成為弱韓的中興之主，卻為德不卒，晚年奢華動工，不卹災民困苦，終於種下國家由盛轉衰的苦果。

【故事二】招降納叛，善待俘虜轉實力更強大：諸葛亮與蒙古水師

以復興漢室為己任的諸葛亮進攻祁山，降服隴西、南安二郡。進而包圍天水，拔取冀城，並俘虜天水指揮官姜維，擄獲數千男女回到蜀國，人人都來道賀。

諸葛亮沒有喜形於色，面帶戚容說：「普天之下，莫非漢民。國家威力未舉，使百姓困於豺狼之吻。一夫有死，皆亮之罪。以此相賀，能不為愧。」孔明欣賞敵將姜維的才華，重用他成為得力左右手。孔明又將魏國數千名的俘虜全部釋放，讓士兵或有技術的專才留在軍營，其他去留一切都尊重俘虜的意願。

蒙古騎兵縱橫中原北方所向無敵，遇到江南多江水的天塹，「南船北馬」優劣互見，然而根據蒙元史專家清華大學蕭啟慶教授指出，蒙古軍隊訓練水師、建造戰艦並行水戰，最主要關鍵出於宋朝降將劉整的建議，劉整進而為蒙古訓練七萬人精銳，蒙古水師才得以壯大，劉整是關鍵人物。蒙古獲得俘虜，善待降將，透過俘虜劉整而盡得南宋水軍之奧秘。

國共戰爭，中共重視宣傳效果，懂得善待俘虜轉成文宣工具，用以營造仁義之師的良好形象。由於國軍內部宣傳「共匪見人就殺」，激起仇恨情緒，尤其害怕當俘虜而被殺，因此寧願戰死也不肯投降。後來中共大敗國軍，俘虜了許多士兵，為了打破國民黨文宣，在毛澤東主持下，訂定對待俘虜四政策：不打、不罵、不殺、不虐待；不搜查俘虜腰包、受傷者給予治療；自願去留，願離去者，發給路費遣送回家。此外，發動官兵對俘虜進行撫慰和宣傳，以減輕他們的心理負擔。對於要回家的，都要舉行歡送新兄弟大會，發給必要路費，敲鑼打鼓送出駐地。此後，中共破解了國軍的文宣，國軍內部刊物稱這種釋放俘虜，治療被俘傷兵的做法「毒矣哉」。

　　諸葛亮不僅是軍事人才，更是一位偉大的政治家；一代梟雄毛澤東不僅善待俘虜，更善用俘虜做足宣傳戰，安排他們在廣播中現身說法，進行心戰喊話，都是深得「卒善而養之，是謂勝敵而益強」的精義。

【故事三】師生寒夜遇困，奈何被凍死？

　　二〇二〇年榮獲全球華人國學終身成就獎殊榮的得主、高齡九十的中央研究院院士許倬雲受訪抒感時，不談學術成就，直指「國學就是要瞭解人和人相處的方法。」又說：人生最重要的大事──求生存。正如毓老師強調「學生」的意思，就是要學習如何求生存。有人只知努力用功求學，有滿肚子學問，卻不知如何過日子。

　　話說戎夷與學生從齊國到魯國，走到魯國境內天候已晚，城門已關。師生只好露宿城外，到了半夜又冷又凍，戎夷對學生說：「你的衣服脫給我穿，我就能保命；而我的衣服給你穿，你也能活下來。不過，我是國士，應該為天下蒼生珍惜生命；而你卻無才無德，生命不足惜，衣服讓給我穿吧！」

　　學生內心好受傷，順勢回嗆，說：「我既然無才無德，怎麼會把衣服讓給你呢？」戎夷只好長嘆一聲說：「唉！看來講道義，行不通。」於是脫下衣服給學生保暖。結果，老師凍死，學生活了下來。

　　以上師生為了活命而討價還價，老師說不過學生，只好以死明志解決問題，難道別無他法可以雙贏而活？我們試想，除了這位老師的餿點子外，難道沒有其他兩全其美的解決辦法嗎？

　　老師責備學生「無才無德」，實已偏離教育之道，羞辱了學生的尊嚴。學生既然被老師打成一無是處的小人，因而順水推舟，何必尊師重道讓衣給老師。在危難之中，學生為了生存，就敢堂皇振振有詞對號入座，既是小人則可無所不用其極；老師為之語塞，只好認栽。「相

濡以沫」本是落難朋友延命消災的方法，這對師徒面臨危急時刻如能為對方設想，腦力激盪出可以度過難關的取暖辦法，既成全了對方，也同時溫暖自己，如此一來雙方都能活下來，何苦相煎太急。

其次，這位老師真是儒家的罪人，僵化了孔子的光明氣象。戎夷自以為國士，以天下興亡為己任，卻無法明哲保身，居然深夜受寒凍死，真是個失能的迂儒。讀了很多書，卻沒有學到解決問題的方法，因此遇到危機就「無法度」。

人生唯一大事，就是要活下去。戎夷師生出遠門前，如果懷有風險意識，預備不時之需，排除外在不測因素，應不致被凍死。

【故事四】孟嘗君寬恕部屬緋聞──轉禍為福

孟嘗君處理門客的緋聞，先讓子彈飛一陣子，以拖待變，等到適當時機安排更好出路，結果坐收轉禍為福的多贏綜效。

孟嘗君處理緋聞事件，先讓子彈飛的藝術手法，無愧於一代政治家。孟嘗君門客三千，流品複雜，有人竟毫不避諱，居然與其夫人談起戀愛。旁人看不過去就向孟嘗君告狀：「您的門客居然與夫人搞曖昧，未免太不夠義氣了，何不殺掉他。」

孟嘗君頭頂發綠，卻若無其事說：「看見對方漂亮而相愛，都是人之常情，這事就暫放在一邊，不必再提了。」他冷處理，先把家醜壓下來，既不願調查真相，也不肯公開化案情，擺明不讓家庭緋聞事件檯面化，以免鬧得沸沸揚揚不可收拾而影響門風，因此按兵不動，暫且冷卻案情。他不是不追究，而是想「因才器使」適才適所。

緋聞往往虛虛實實，一時難以調查得水落石出；孟嘗君的策略是把社會問題最佳化的政治解決。門客與夫人緋聞事件被暫壓下來，孟嘗君表面上紋風不動，顯得毫不知情的樣子。

由於不動聲色，「靜以幽」，因此既不會讓門客與妻子顏面難堪，

就不會得罪人，更不會讓小人得逞而坐收漁利，更可避開難以收拾的家庭緋聞風暴。過了一年，孟嘗君伺機找來那位門客，懇切地告訴他說：「你跟隨我很久，大官你不能做，小官你又不願意幹。而衛國國君與我是好朋友，我已經準備好車馬與鹿皮等貴重禮品，希望你可以去追隨衛君。」門客毫無懸念的來到衛國，很受衛國國君的器重。

後來齊、衛兩國交惡，友好關係破裂。衛國國君想要號召天下諸侯，籌組聯軍進攻齊國。這個門客立即跳出來對衛君說：「孟嘗君不知道微臣不肖，用微臣欺騙您。況且微臣聽說當年齊、衛兩國的先君為了締結友好邦交，曾經殺馬宰羊，立下盟誓，發誓約定：『齊、衛兩國的後世子孫不能發動戰爭，如果有誰相互攻伐，就讓他的性命像這些馬與羊的命運一樣。』如今您將發動各諸侯聯軍去進攻齊國，是您先違背了兩國先君共立的盟約，而欺騙了孟嘗君。盼望您不要老是想打齊國的主意。您若聽取微臣的話，幸甚；如果不聽的話，微臣將立即自殺，以頸血濺到您的衣襟。」

衛君聽了這位門客的威嚇，立刻停止動員多國部隊的軍事行動。齊國人知道國安危機因該門客的智勇而解除，都說：「孟嘗君轉禍為功。」齊國人無不稱讚孟嘗君深知人情之理，善於處理事情，懂得把壞事變成好事。

孟嘗君化危機為轉機，把破壞門風的惡行予以妥善處理，竟能轉禍為福而拯救國家，真是政治家處事的高明手腕。

孟嘗君深知「不盡知用兵之害者，則不能盡知用兵之利也。」

【故事五】田單如何激起鬥志，反敗為勝？

樂毅的靠山燕昭王一死，燕惠王即位，惠王過去與樂毅意見不合有間隙。田單知情，因而施用反間計，揚言說：「齊國只剩兩城沒有攻下，是樂毅想聯合即墨和莒縣的守軍，自己要當齊王。現在齊國人唯

恐燕國換上別的將領，那麼即墨城就毀了。」燕王無知而上當，改派
騎劫取代樂毅。樂毅害怕回燕國被害，乃投奔趙國，受到趙王重用。

於是田單命令城裡百姓每家吃飯的時候，必須在庭院擺出飯菜祭
祀他們的祖先，藉以吸引飛鳥在城內上空盤旋，有的飛下啄食。城外
燕軍看到這種異相感到奇怪，以為齊國人有神助。田單因而揚言說：
「這可是有神人來教我的。」後來每次發布軍令，一定宣稱這是神人的
旨意。

田單又散布謠言：「現在我只怕燕軍將所齊國俘虜的鼻子割掉，並
把他們放在燕軍陣前與齊軍作戰，即墨城軍民害怕，肯定就會被攻
下。」燕軍聽了信以為真，都忙著割掉齊國俘虜的鼻子。即墨城裡軍
民望見那些投降燕軍的齊人都被割鼻，人人無不非常憤怒，卻又害怕
被活捉，於是更加堅定守城。田單再加碼施以反間計，說：「我害怕燕
軍挖掘我們城外的墳墓，一旦侮辱我們的祖先，我們會為此而感到沮
喪。」燕軍不假思索，開始挖掘齊國人的祖墳，並加以燒屍洩憤。即
墨人望見祖先被羞辱，都暗自流淚哭泣，無不想要出戰燕軍。

田單知道已經激起士兵的鬥志，可以開戰，親身拿著築板和鐵鍬
參加修建防禦工事，和士兵分擔辛勞。他把妻妾編在軍隊一起服役，
飲食全都拿來犒勞將士。田單收集百姓黃金千鎰，命令即墨富豪外出
贈給騎劫，說：「即墨不久將會投降，希望不要擄掠我們的妻妾，保護
我們族人的人身安全。」騎劫非常高興而一口答應。燕軍由此更加鬆
懈防備。

田單在城內收集一千多頭牛，給牛穿上畫著五顏六色的龍形花紋
彩衣，牛角上綁住鋒利的尖刀，把淋了油脂的蘆葦紮在牛尾，再點火
燃燒。他在城牆挖數十個洞，夜晚放開火牛，壯士五千人緊緊跟隨牛
後。牛尾灼熱，憤怒地衝向燕軍。牛尾有火把，明亮耀眼，燕軍遇見
狂奔火牛陣奔逐，非死即傷。五千人趁勢追擊燕軍，老弱都擊打家中

銅器製造音響助陣，聲音震天動地。燕軍見狀非常驚懼而敗逃。失去的七十座城池，又重回齊國懷抱。

【故事六】英國「炸魚薯條」餐廳老闆的哀愁

「炸魚薯條」是英國人最具代表性的平民美食，但二〇二二年英國約有三分之一炸魚薯條餐廳面臨倒閉危機，原因是什麼？

關鍵在於原料供應嚴重短缺，成本漲得太凶，「炸魚薯條」的主要原料是鱈魚，而黑線鱈價格上漲75%，葵花籽油成本攀升60%，麵粉價格也劇增40%，種種因素導致魚薯條的價格飆漲。

為什麼原本正常的原料供給驟減？全球許多餐廳跟英國炸魚薯條餐廳的老闆恍似一夜之間面對這個突如其來的困境；而這一切要從二〇二二年二月二十一日開打的烏俄戰爭說起。

戰爭與經濟密不可分的分析，最早見於兩千五百年前的《孫子兵法》，《孫子兵法》的〈作戰篇〉指出「久暴師則國用不足」、「夫兵久而國利者，未之有也」，直接點出戰爭最為耗費金錢，久戰則為國家衰退的必然現象。 時至今日，戰爭不僅是軍隊與武器的對峙，更包括經濟制裁、政治抵制等多種方式，影響的區域也不限交戰兩國，而是擴大到全球，不變的是受苦的人民。

聯合國表示，過去五年，俄、烏兩國約占全球小麥出口近30%、玉米17%、大麥32%、葵花油更高達75%，此外還有農業不可或缺的化肥與其製造元素，如維持玉米、大豆、小麥、稻米高產量的關鍵元素鉀鹽、氨氣、尿素等土壤肥料，俄國也是全球第一大小麥出口國，可見烏、俄兩國在全球糧食市場的重要性。

聯合國在二〇二二年六月預估，烏、俄戰爭將使全世界今年面臨嚴重糧食匱乏的人數高達三點二三億人。素有歐洲糧倉之譽的烏克蘭，被俄羅斯封鎖黑海港口，導致烏克蘭大量的小麥和玉米等農作物

無法出口，加上30%的耕地淪為戰場，也瞬間失去糧食出口能力；少了烏、俄的糧食供給，可能導致全球數百萬人因此餓死。

除了糧食，另一個重大的動盪是石油與天然氣的供給劇降。《自然》（Nature）調查顯示，歐盟原先有將近40%的天然氣、25%的石油、50%的煤炭均來自俄羅斯；由於歐美對占全球石油出口第三大國的俄羅斯實施經濟制裁，最明顯的影響是石油及天然氣價格飆漲。從二〇二二年二月烏、俄戰爭開打至二〇二二年六月，四個月之間國際油價漲逾40%，WTI原油報價每桶逼近一百三十美元、布倫特原油則將近一百四十美元，兩者均創下二〇〇八年以來新高。

烏、俄兩國開戰，遭池魚之殃的豈止是英國「炸魚薯條」餐廳老闆的哀愁？由於俄羅斯及烏克蘭在全球糧食、天然氣及石油產量均具有舉足輕重的地位，導致目前歐盟、美洲及部分新興國家遭受糧食匱乏與能源價格高漲而引發經濟下行的壓力。通貨膨脹猶如將爆的壓力鍋，各國央行不得不壓制通膨，而導致全球金融市場劇跌，二〇二二年上半年全球十八個主要股指都以巨大下跌做收，這對在今年一月前還在歡欣鼓舞的股市與房市是絕對意想不到的。

（作者黃文玲，現任蘊奇科技執行長）

【故事七】偵破重大刑案，不計任何代價？

臺大熊秉元教授受邀蒞臨警校演講時，他說道：

我教了很多年的法律經濟學，有次上課一個臺大法研所的學生舉手發問：「我們在上法學緒論時，有老師說你們未來的工作是捍衛人民的公平正義，所以要不計代價的捍衛正義；但如果有人丟了一塊錢，是否花了十塊錢都要找回來？」

我一聽馬上跟他說，當時如果我在場我就會舉手：「老師，丟了一塊錢就得花了十塊錢找回，但如果是需花一萬、十萬呢？」另一位研

究生又發問：「有些事是不能夠考慮代價的。」他就講了一個例子，搶救《雷恩大兵》這部電影主要敘述為了救一個小兵，犧牲了很多人性命，終於把他搶救回家。「這種不惜一切代價用多人的生命去換取別人的生命，是否值得？」這種想法讓我們觀賞這部電影時就會產生不舒服感。

後來我把這個例子寫成一篇文章：「薩孟武搶救雷恩大兵」放在大陸雜誌上，普通文章回信大約二十封左右，但這篇文章刊登時收到一百封回信，而且大多都是批評，都說你這個臺灣學者怎麼會有這個觀念，小偷不處理時會變中偷、大偷，最後變成江洋大盜。請問這樣的回信，你要如何來應對？為了回應這一百封回信，我又寫了篇文章，分成水平及垂直部分；水平方向是說在同一個時間上有很多事情，這個是偷了一塊錢，可是其他還發生家暴、擄人勒贖等事情，當你把資源用來找偷一塊錢的小偷，浪費社會資源搞這種雞毛蒜皮的事。第二個比較有趣的推論是這個垂直部分，如果小偷不抓變中偷，中偷不抓變大偷、江洋大盜。這個邏輯如果成立的話，我們往下延伸，小偷之前有小小偷，什麼是小小小偷呢？請問各位，哪個人小時候沒有隨地吐痰、亂丟垃圾、考試作弊？當過小小偷的人才知道遊走在法律邊緣的錯誤，但是不一定會變小偷、中偷或大偷。重點是如果這個邏輯成立，這個社會在抓小小偷時錙銖必較，而沒有任何一個社會會如此，所以這個批評不成立。剛講到有一百封回信都是批評，只有一封他說非常贊成我的觀點，這封信是來自於北京的地方法官，他可以很深刻的體會到社會資源誤用、濫用。

最後總結一句話，對於公平正義的追求要考慮到成本，不能忽視代價，曾經有個警政署長這麼說：「對於重大刑案，要不計任何代價來偵破。」但是有位警界同仁補充一句：「是不計別人的成本來破，而不是不計他個人的成本來破！」

【故事八】速戰速決，越轄處理高鐵軌道危機

那是在民國九十七年入冬的某一天午後，個人當時擔任桃園縣警察局蘆竹分局長，平時為了掌握分局轄內即時狀況，習慣在辦公室裝設無線電收聽同仁執勤情形。

當日下午一時許，我聽到無線電傳來了陣陣急促的「呼叫支援！呼叫支援！」仔細一聽原來是一名吸食強力膠的嫌犯遭遇執行巡邏勤務的警察同仁攔檢、盤查，對方一時心虛而由平面道路沿著高架橋墩上的逃生梯，爬上高鐵的高架軌道，想躲避同仁的追緝。豈料他闖入高鐵軌道後，觸動了安全防護機制，導致南北雙向列車自動斷電、緊急停駛。

當時的我顧不得高鐵軌道上是不是我分局管轄範圍，又或者交由轄區派出所及高鐵警務段的同仁合力處理即可，心裡只想著為了避免衍生更重大的交通意外事故，立即換上警察制服並且帶著一名隨員就趕赴現場。

我循著嫌犯逃逸的路線而爬上高鐵的高架軌道，當我一爬上高鐵軌道，映入眼簾的就是一列南下列車車廂在我正前方、另一反向軌道上則是距離我還有五百公尺的北上列車。透過車窗玻璃，車廂內乘客既驚恐、無奈又無助的神情清晰可見，至今仍令我難以忘卻；現場軌道上一名高鐵保全人員已趕到現場，在我左前方三十公尺的嫌犯則是已經趁隙又爬上高架軌道旁隔音牆的上方，距離地面約五層樓的高度，並面向平面道路作勢尋死，企圖以死相逼。

保全人員不斷地阻擋我及隨員上前，深怕身著警察制服的我們會觸動嫌犯最敏感的神經。這時我只好先退回車廂旁，並由隨員向我匯報情資，才得知時任警政署王署長為了前往彰化縣向日前遭奪槍殉職的員警致意，正好就在受阻的南下列車上；另一名政府要員則是受阻在高鐵板橋站，因為高鐵嚴重誤點而正大發雷霆。我隨即向時任桃園

縣警察局林德華局長報告上情，並透過林局長證實了王署長就在受阻的列車上。在確認各方資訊及現場狀況後，這時我已無法忍受身穿制服且肩負著數百名乘客期待的自己在現場毫無作為，我想到《孫子兵法》「上兵伐謀，其次伐交，其次伐兵，其下攻城。攻城之法，為不得已。」等待支援警力到場再強勢圍捕，已是緩不濟急、下下之策；能運用謀略讓嫌犯乖乖就範，將傷害降至最低才是上策。我不顧保全人員的阻撓，當機立斷即與隨員上前溫情喊話，先以高亢語調吸引嫌犯的注意力，再安撫其情緒，見他小心翼翼轉身面朝軌道內，顯見已打消尋死的念頭，我即有十足把握將這場危機的傷害降至最低。因此，我旋即衝上前去，伸出雙手向嫌犯喊話：「把你的手交給我！」這時在隔音牆上躊躇、煎熬已久的嫌犯早已難掩疲態，順勢被我及隨員拉了下來，順利結束這場危機。

　　以上面對危機的細節、心境轉折看似龐雜，但其實所有的預判危機、危機決策、處理，在當時的現場不到十分鐘就結束了，我想這與《孫子兵法》「兵貴勝，不貴久。」用兵打仗貴在速戰速決，而不要曠日廢時，不謀而合；以上經驗分享。

（作者戴崇贇，現任花蓮縣警察局局長）

第三

———

謀攻 篇

原文

孫子曰：凡用兵之法，全國為上，破國次之；全軍為上，破軍次之；全旅為上，破旅次之；全卒為上，破卒次之；全伍為上，破伍次之。

是故百戰百勝，非善之善者也；不戰而屈人之兵，善之善者也。

故上兵伐謀，其次伐交，其次伐兵，其下攻城。攻城之法為不得已。修櫓轒轀，具器械，三月而後成；距闉又三月而後已。將不勝其忿而蟻附之，殺士三分之一而城不拔者，此攻之災也。

故善用兵者，屈人之兵而非戰也，拔人之城而非攻也，毀人之國而非久也，必以全爭於天下。故兵不頓而利可全，此謀攻之法也。

故用兵之法，十則圍之，五則攻之，倍則分之，敵則能戰之，少則能逃之，不若則能避之。故小敵之堅，大敵之擒也。

夫將者，國之輔也。輔周則國必強，輔隙則國必弱。

故君之所以患於軍者三：不知軍之不可以進而謂之進，不知軍之不可以退而謂之退，是謂「縻軍」；不知三軍之事，而同三軍之政者，則軍士惑矣；不知三軍之權，而同三軍之任，則軍士疑矣。三軍既惑且疑，則諸侯之難至矣，是謂「亂軍引勝」。

故知勝有五：知可以戰與不可以戰者勝，識眾寡之用者勝，上下同欲者勝，以虞待不虞者勝，將能而君不御者勝。此五者，知勝之道也。

故曰：知彼知己者，百戰不殆；不知彼而知己，一勝一負；不知彼，不知己，每戰必殆。

白話文

安國全軍、雙贏兩全，劈柴不可連砧板都砍破

孫子說：用兵作戰的最高指導原則：能使敵國不戰而完整歸降的是上策，經過征戰擊破敵國後而降的是次一等的用兵策略；能使敵國全軍不戰而降是上策，經過征戰擊破敵軍而後降的是次一等的用兵策略；能使敵旅不戰而降是上策，擊破敵旅而後降的是次一等的用兵策略；能使敵卒不戰而降是上策，擊破敵卒而後降的是次一等的用兵策略；能使敵伍不戰而降的是上策，擊敗敵伍而降的是次一等的用兵策略。因此百戰百勝並不算最高明，能做到不必開戰就能使對方完全屈服，才是最高明的用兵策略。

用兵戰略的等級

因而，最高明的用兵策略，是運用謀略戰而取勝；其次，是運用外交戰而取勝；再次，是動武野戰而征服敵人；最下策，就是攻城。攻城野戰是萬不得已的辦法。因為要攻城前，必須準備用以防避矢石的大盾、登高攻城的樓車，以及攻城的各種器械，最快需要三個月才能完工；而構築攻城用的土丘，又需要三個月工期才能完成。更糟的是，這時有的指揮官因焦慮不安而情緒失控，滿腔憤怒而急著驅使士兵像螞蟻一樣爬牆攻城。結果士兵死傷三分之一而城堡還是攻不下來，這就是攻城帶來的災難。

以謀略取勝，才是萬全之策

因此，善用兵的指揮官，能使敵軍屈服而不必靠動武野戰，奪取敵人城堡而不必靠爬城硬攻，毀滅敵國而不必靠持久戰；他必定本著安國全軍、雙贏兩全的思惟，以完整取勝而爭勝於天下。這樣的軍隊才不會受折損，就可保全國家利益，這是以謀略取勝的方法。

求生自保的六種指導方針

用兵作戰的法則是：如果我有敵人十倍兵力的絕對優勢，就用包圍戰；我有敵人五倍兵力的相當優勢，則可以攻城；如果兩倍於敵人的優勢，可以分割而各個擊破；如果雙方勢均力敵，可以一戰；如果兵力少於敵人，不如逃跑；兵力不如人，就要避開敵人。所以，實力不如人而不自量力，只知與敵人硬拚，那就必然成為強敵的俘虜。

將領良窳攸關國安強弱

軍事將領是國君的最佳輔佐，輔佐周密，國家一定強盛；如果輔佐有所疏漏，國家必定衰弱。

不懂軍事的領導人會貽害將領的三種狀況

不懂軍事的領導人危害軍隊狀況有三：一是不瞭解軍隊不可以進攻，卻命令進攻；不瞭解軍隊不可以撤退，卻命令撤退；領導人在後方不知前線敵情而擅作主張，這是會束縛、牽制軍隊行動。二是不瞭解軍中事務，卻喜愛干預軍中行政事務，將會使三軍將士感到迷惑而無所適從。三是不懂得軍事行動的權變之道，卻要干涉軍隊的指揮調度，將使得三軍將士產生疑慮。三軍將士如果既迷惑又疑慮，鄰國就會乘機進犯。這就是所謂「自亂軍心士氣，而導致敵人勝利」。

預知勝利的五種方法

因此，預知勝利有五種方法：知道什麼條件下可以戰、不可以戰，就能得勝；誰懂得兵力的多寡而能靈活指揮，就能獲勝；三軍上下同心同德達成共識的一方，就可以取勝；有準備的一方對付沒有準備的一方，就可以得勝；將領有指揮才能而領導人不會橫加牽制的，就能夠得勝。這五條是預測勝利的方法。

知彼知己，百戰不殆

　　所以說，既已瞭解敵情又瞭解自己的，身經百戰也不會有危險；不瞭解敵情而只瞭解自己的，可能勝也可能敗；既不瞭解敵情又不瞭解自己，每戰必危。

要義

鬥智而不鬥力

孔子重視謀略作為：臨事而懼，好謀而成。

孫子認為戰爭大事，務必要謹慎行事，他舉出戰爭成敗的五項關鍵因素，其中的「將」，要具備五種品德特質，「智」德列為第一位。可見，孫子認為高明的將領具有智慧最重要。因此，孫子眼中只有「智將」，沒有「勇將」。

子路是孔子的貼身侍衛，總以為用兵打仗，老師一定會找他並肩作戰。沒想到孔子不領情，潑了冷水，說：「暴虎馮河，死而無悔者，吾不與也，必也臨事而懼，好謀而成者也。」打仗不是兒戲，子路有勇無謀，孔子不願意陪葬。這裡可以看出，孔子重視「謀」略，而不看重「勇」敢。

不可劈柴連砧板都砍破──「不戰而屈人之兵」

〈謀攻〉的核心思想是以「智」取勝。孫子反對硬碰硬的攻防戰，因為硬攻必定有死有傷；有勇無謀、勞民傷財不是「全勝」目標，還有比「百戰百勝」更好的選擇，這就是「謀攻」的精神所在。

出兵要求全勝，輕鬆打，不要累死三軍，打得上下都痛苦不堪，即使勉強得勝，那也是殺人一千，自傷八百的慘勝。孫子希望全勝雙贏，最好就是兵不血刃，不發一槍一彈就可以得勝。

百戰百勝，其實並不值得大書特書。每次看到「百戰將軍」、「百戰榮歸故里」字眼，心裡就想到「一將功成萬骨枯」。多少成千上萬的家庭破散、親人傷痛，千萬青壯年付出死亡代價，才造就「名將」，這是何等殘忍的事實，然而歷史總是不斷重演。

用兵戰略的等級──上、中、下策的理性選擇

孫子認為用兵有「伐謀」、「伐交」、「伐兵」、「攻城」四種理性選擇，並各有上、中、下策之別。

「伐謀」是謀略作為，運用智慧成事：瞭解對方企圖，進而展開攻心謀略，破壞對方的策略與計畫作為，設法讓對方迷惑、犯錯、驚慌、恐懼，舉棋不定而自亂陣腳。簡單說，用最小代價，收到最大效果。「不戰而屈人之兵」是謀攻的上上策。美眾議院議長裴洛西訪臺，驚動中共軍演示威，中共破天荒開放民眾現地參觀試射火箭現場，把軍演變成直播秀，既滿足了民眾拍照打卡的好奇心，同時透過網路的推波助瀾，激起民族大義而昭告天下。可知現代戰爭最厲害的武器，不是導彈戰機，而是對準人心深處的認知作戰，戰場在爭奪人心。而現代媒體戰只是心戰「伐謀」的一環，其目的在對內爭取民心向背，對外形塑利己輿論。如今爭奪人心之戰，超越國界、沒有聲音戰場，卻比傳統廝殺戰場更為險惡而慘烈。讓英國脫歐成功的「劍橋分析」、川普涉嫌煽動美國的國會山莊暴動（2021）、陷入苦戰中的烏克蘭總統澤倫斯基現身電視臺、已經勝選的菲律賓總統小馬可仕，還有曹興誠要捐卅億元反制中共的認知作戰，都在在證明「伐謀」早已開戰；只要你想要什麼樣的真相，社群媒體就會提供給你那樣的真相，或是類事實。

「伐交」是用兵上策。未正式開戰前，先打外交戰。舉兵伐敵之前，先結交鄰國，以為犄角之勢，遠交近攻，形成我強而敵弱之勢，敵人迫於形勢，就不敢輕舉妄動。這種透過外交手段獲勝，是以威勝，而不是以力勝。蘇秦、張儀的合縱連橫策略屬之。近年美國大打地緣政治，聯合韓、日、臺、紐、澳各國舉行聯合軍演，企圖圍堵中國霸權，正是打「伐交」牌。大陸地區金援我邦交國，斷我邦交，即是典型的「伐交」戰略。

「伐兵」是中策。因為戰爭一開打，除了會出現後勤支出龐大，國家財經負擔窘迫現象之外，廝殺對決，能不死傷遍野？

「攻城」是下策。攻城有時間壓力，指揮官如果心急焦慮，又控制不住忿怒情緒，往往會採取強勢作為，只求目的，不擇手段，而驅使士兵爬牆攻城，士卒傷亡折損無數，而城堡還是攻不下來，這就是「攻城」的災難。努爾哈赤率軍攻打寧遠城，明朝守城袁崇煥僅射出西洋砲一發，清兵死傷數百人，讓戰無不勝的努爾哈赤氣得病死。由上可知，「攻城」釀成嚴重傷亡的後果，實為指揮不當的人禍。

六種實力對比的求生指導方針

有絕對優勢的兵力，才能勝得輕鬆愉快。有絕對優勢兵力就可以團團包圍敵人。有相對優勢兵力，就可以攻取敵人。處於相對優勢，就可以分兵奇正，攻其所必救或使對手腹背受敵，分散、削弱其實力，當然就有戰勝的機會。勢均力敵就要巧設埋伏，運用奇兵，才有爭取勝利的可能。如果敵眾我寡，就採防守不戰為上策。兵力少而實力弱，就要暫時避開敵人，再等待機會。

不懂軍事的領導人貽害將領的三種狀況

將領是國家領導人的左右手。君、將關係密切，齒唇相依，要能親密無間；國君信任將領，將領才能全心全意盡職盡責，這樣的國家必定強盛。如果君、將之間缺乏信任，彼此有隔閡，主、將分心，將領就無法全力發揮長才，國家一定衰弱。

君、將關係伴君如伴虎，國君如耳根軟而容易聽信謠傳，往往會造成君、將失和而含恨終身。所以，孫子點出國君經常出現侵害將領指揮權有三種狀況：一是不知前方戰情，卻任意命令調動軍隊；二是

不懂軍務，又喜歡預聞軍中行政；三是不知權變，又愛干預主將的戰場指揮權。如此一來前線將士迷惑不解，軍心士氣一定低迷不振。不知道為何而戰，不知道為誰而戰，更不知道如何而戰。上下彼此猜疑，兵力自然無法發揮戰力。他國見到有機可乘，就會起兵進攻，國家災難就降臨，這叫作「豬隊友」自亂軍隊，自取滅亡。

預知勝利的五種方法──充分信任而讓指揮官無後顧之憂

　　孫子為了讓君臣關係更趨緊密，上下沒有間隙、隔閡，歸納出預測戰爭得勝的五種方法：知可以戰與不可以戰、識眾寡之用、上下同欲、以虞待不虞、將能而君不御。

　　孫子再三提醒領導人應該謹守分際。只要目標正確，領導人就應放手，讓將領充分發揮指揮權。畢竟，前線戰況瞬息萬變，地形、風土民情、敵我消長、謀略作為、諜報活動等等變數，都是戰爭成敗的不確定因素，如果領導人紙上談兵，動輒指點江山，就違反「將能而君不御」的知勝之道。孫子用兵成功的策略「攻其無備，出其不意」是制勝要訣，前方狀況都不是後方所能洞悉其中變化。因此，孫子建議國君充分信任主將，讓他無後顧之憂。

「知彼知己」才能立於不敗之地

　　情蒐成效良窳，決定勝負關鍵：「知彼知己者，百戰不殆。」「知彼知己」迄今數位時代，仍是各級領導、管理者立於不敗之地而必須拳拳服膺的金律。

故事

【故事一】以智謀攻犯罪，研修法規淨化治安

民國八十五年間，臺北市發生了周人蔘電玩弊案，遭起訴人數高達一百九十七人，多名檢察官、高階警官皆被起訴，咸認為是臺灣史上規模最大的檢警貪瀆案。此後，全臺各地陸續發生多起電玩弊案，警界聞電玩生畏，全國電玩家數在鼎盛期約六千多家。雖然各地警察局規劃各種勤務作為，全力偵緝、壓制，以防堵電玩賭博氾濫。雖警方全力對電玩業者兵臨城下，攻城掠地，但是電玩家數仍然居高不下，在業者李代桃僵、借屍還魂、移花接木等對策下，警察越抓，電玩越多，可說是遍地開花，治安成效不彰。

在周人蔘電玩弊案爆發十年後，民國九十五年間警界對電玩業者似乎束手無策的時候，適個人於警政署行政組服務，主政該項業務。當年一月二十五日李逸洋接任內政部長，立即要求警政署推動「清源專案」，採重獎重懲、即獎即懲、積極管理方式，全力掃蕩「製毒工廠」、「職業大賭場」、「改造槍枝工廠」、「汽機車解體工廠」、「毒品犯罪營業場所搖頭店」及「賭博性電玩」等六大犯罪根源。雖然「清源專案」被基層員警私下形容為「史上最殘酷的專案」，而遭遇不小的阻力，但是執行結果證明，「清源專案」是正確的防治策略。

孫子說：「知勝有五：知可以戰與不可以戰者勝，識眾寡之用者勝，上下同欲者勝，以虞待不虞者勝，將能而君不御者勝。」以往各部會查緝電玩都是警政署在唱獨角戲，指揮各級警察機關來查緝，其他部會都很少配合辦理，致使很多需要跨部會協調的事項均難推動。「清源專案」由內政部長李逸洋主張，所以成立了跨部會平臺，由內政部全力推動，定期開會檢討問題與進度，並協調其他部會來配合，當然這也造成其他部會莫大的壓力，然而在「上下同欲」步調下，工作

的推動可以說是漸入佳境。

在研究現行法規方面，再與基層同仁討論目前做法，探討為何各地電玩店經過警察強力不斷取締，而前仆後繼，越抓越多的怪現象。後來發現，電玩業者擔心被警察取締後，會移請目的事業主管機關廢止其電子遊戲場業營業級別證、公司或商業登記，不肖業者往往在被查獲後，立即申請變更店名，或者找遊民當人頭，將其登記為負責人，一旦被查獲後立即變更負責人，以規避後面的行政處分。

我們在跨部會平臺協調會議中，向目的事業主管機關（經濟部商業司）提出具體的建議，電玩家數應該實施總量管制，而且在警察機關查獲涉嫌賭博罪時，會函文各縣市政府商業登記單位暫停受理店名及負責人的變更申請，以防範業者李代桃僵、借屍還魂。

在與目的事業主管機關不斷的磨合下，終於說服目的事業主管機關配合相關警政作為並修正「電子遊戲場業管理條例」第三十一條，從此之後，電玩家數逐年下降，賭博電玩也受到相當程度的壓制。

孫子認為，直球對決的攻城是耗日費時的，是不符經濟效益的下下之策，反而是要配合「謀攻」才會事半功倍。於是我們一改往年要求基層警察衝績效的傳統觀念，改從源頭用「智謀」做起，將違法者所鑽的法律漏洞一一補起來，而不是過去一味追求漂亮績效數據，才能把治安真的做好。

（作者謝建國，現任桃園市政府警察局保安警察大隊長）

【故事二】韓信背水一戰，大破趙軍

楚漢相爭第三年，韓信與張耳領軍數萬人，計畫東出山西的井陘口，準備攻擊趙國。趙王歇與成安君陳餘聽此消息，立刻領兵二十萬人集結在井陘口迎戰。

此時趙國謀士李左車對陳餘說：「聽說韓信偷渡西河，俘虜魏王

豹，又擊破代國，現在有張耳的協助，準備攻我趙國，其勢銳不可當。我認為韓信千里饋糧，士兵挨餓有飢色。而井陘之道的山路險峻又狹隘，他們行軍數百里，糧餉一定跟不上來。」

李左車分析情勢後並建議陳餘：「請您給我三萬人當奇兵，我抄小路再斷絕他的糧道；您只要做好防禦工事，勿與他開戰。他求戰而不可得，向後又找不到退路，我會用奇兵斷絕其後路，擋住他去路，這樣會讓他軍中缺糧，又無法因糧於外，這樣不出十日，我有辦法斬下韓信、張耳的人頭。請您留意臣的計策。否則必為他們所殺。」

陳餘是書生之流，常說：「仁義之兵不用詐謀奇計。」他聽了李左車的建議，不以為然，說：「兵法：『十則圍之，倍則戰。』現在韓信的兵力號稱數萬，其實不過數千，而千里跋涉來襲擊我們，他們早已疲憊不堪。今天如果還迴避而不攻擊，以後再來更強大的敵人，我們還能打嗎？再說這次如果不打，各地諸侯一定會認為我膽怯無能。」遂不聽李左車的作戰計策。

此時，韓信早已派人潛入趙國暗中情蒐，探知李左車不受重用，韓信大喜，於是長驅直入。直到距井陘口三十里，韓信下令停軍、駐紮、休息。到了深夜，下令全軍整裝待命，並挑選二千名輕騎當奇兵，人人手持一面紅旗，從小路登山，隱蔽在山上，監視著趙軍的動靜。韓信告誡他們：「明日趙軍見我軍撤退，一定會傾巢追出，這時候你們要立刻奔入趙營，拔下他們的軍旗，改插上我們的旗幟。」接著宣布：「我們擊破趙國後，再來大會餐！」眾人都不相信，只虛應說：「好！」

於是韓信派出萬人出井陘口，渡河後，擺出背水之陣。趙軍望見，無不大笑。韓信等太陽出來，立起軍旗，架起戰鼓，一面擊鼓一面走出井陘口。趙軍一見，立即打開營門，兩軍交戰良久。韓信、張耳假裝戰敗，丟棄旗鼓，逃到船上。此時趙軍一見漢軍敗逃，果然傾

巢而出，爭相搶奪漢軍的旗鼓，也想活捉韓信、張耳立戰功。

韓信、張耳回到船上後，又下來與趙軍作殊死戰，此時趙軍已無法得勝。另一方面，韓信先前派出的二千名輕騎，早已伺機趙軍出營搶奪戰利品時，立即奔入他們陣營內，拔下趙旗，改插二千面漢軍紅旗，亂人耳目。等到趙軍前線自知無法取勝韓信，想要退回營區時，一看城上滿是漢軍的旗幟飄揚，趙軍大驚失色，以為趙王及其將領都被俘虜了；一時趙軍大亂，爭相逃走。雖有趙軍將領斬殺逃兵，也無法攔阻趙兵四處逃竄，於是漢軍內外夾擊，大破趙軍。陳餘敗逃被殺，趙王歇被俘。

劉邦放手韓信在黃河以北地區征戰，韓信沒有後顧之憂，可以全力經營戰場，背水一戰，堪稱完美。

【故事三】韓信重用李左車，不戰而降服燕國

韓信為諸將講解背水之戰的道理後，接著去請教俘虜李左車，如何北攻燕國，東伐齊國。李左車辭謝說：「臣聞敗軍之將，不可以言勇，亡國之大夫，不可以圖存。今臣敗亡之虜，何足以權大事乎！」

韓信鍥而不捨，勸說：「百里奚在虞國工作而虞國滅亡，在秦國服務而讓秦國稱霸，並非愚於虞國而有智於秦國，問題在領導人用與不用，聽與不聽而已。如果陳餘聽了足下的計策，我早就被生擒了。正因為他不用足下的建議，我才有機會向您請教。」韓信以十分誠懇的態度，說：「我誠心誠意向您求計，請勿再推辭。」

李左車說：臣聞智者千慮，必有一失；愚者千慮，必有一得……陳餘本有百戰百勝之計，只因一步走錯，終於被殺。您俘虜了魏王，又攻下了井陘，擊敗趙國二十萬大軍，誅殺陳餘，您已名聞海內，威震天下。現在許多農夫不再耕作，就等您發布召集令，這是您的優勢。但是，您的軍隊已經很疲憊，其實短期內也難以用兵。如果您率領疲

兵攻打燕國，而燕國堅守城池不戰，您硬要攻城，時間一久，攻不下來，糧食也供應不上，情勢將陷入被動，弱點就暴露無遺。如此一來，燕國攻不下來，那齊國更會頑強抵抗。齊、燕攻不下，形成對峙的局面，對於楚漢爭戰的劉邦，在情勢上並沒有加分作用，這是您的劣勢所在。我雖愚笨，還是認為您不該去北攻燕國，東伐齊國。」又說：「善用兵者，不以短擊長，而以長擊短。」韓信問：「那該怎麼辦？」

李左車說：「不如先休兵停戰，鎮守好趙國，安撫趙民，卹養孤兒；這樣就會得到人心，百里之內，有人會送牛、酒來勞軍。經過一番休養生息後，擺出北向攻打燕國的隊伍，再派出能言善道的辯士拿您的書信，展示我們的優勢，那燕國就不敢不服。燕國順服後，再派說客前去齊國告誡他們不得輕舉妄動，齊國必也聞風而降服，此時雖有智者，也不可能為齊國想出什麼好辦法。如此一來，天下大勢就可以掌握了。」

韓信採取李左車的建議，派辯士出使燕國，燕國聞風投降。韓信派人報告漢王劉邦得勝消息，並就此請求立張耳為趙王。

韓信重用李左車，不戰而降服燕國，真是孫子的信徒。

【故事四】好事變壞事：破大案而衍生「大患」

那年李師科四十五歲，計程車司機，志在發財，買彩券屢買不中，因此計劃弄把手槍搶銀行。經不斷觀察，他選上教廷大使館的崗亭值班警員下手。他假裝問路，進入崗亭後趁機奪走警槍，朝警員頭部開一槍，警員當場斃命，他便開著自己的計程車揚長而去。

經過一段時日，在臺北市羅斯福路土地銀行搶劫得逞，他將計程車開到三重，把贓款現金放在他乾兒子家。一週後，他乾兒子的父親起了疑心，向三重分局報案，說有一包寄存物，不知為何物，請警察查看；果然是土銀鈔票，隨即循線將李師科逮捕問訊。

　　李師科被捕後，臺北市專案小組忘了通報友軍某站，次日報紙紛紛發行號外，其站上級長官閱報後大為光火，痛罵不已。半月後該站派大批幹員搜索職業賭場，查獲到民國六十九年筆記簿乙本，記載中秋、過年都曾送禮給警察數目不等，而受禮警察並無官銜與職位，然而檢察官認真辦案，三重分局管分局長凶而遭到撤換。分局長移交典禮前一小時，地檢署林首席（檢察長）電告局長，說該筆記本並無管分局長之名，應無關送禮案。但分局長調職命令業經發表，只有辦理移交。此案，最後經高等法院判決全部員警都無罪。

　　沒想到一個月後省警務處認為局長應負連帶責任，將他調專門委員。次日上午，局長趕赴臺銀省主席辦公室拜見李主席，坦誠相告二重疏洪道拆遷戶拆遷的任務無法完成的緣由。主席電話指示省人事處長把公文退回警務處，並說「不批」，接著打電話給警務處胡處長抗議。新當選的林縣長知悉，親找局長密談，請他擔任縣府主秘，局長沒答應。

　　在內政部林部長辦公室，局長把偵破李師科搶案的前後及警務處調動的事一一說明。部長認為「這件事警務處有欠考慮」，李主席既然已決定不調，部長非常同意。

　　返局後不久，安全局汪局長約見；見面後汪局長對李師科土銀搶案的偵破讚許有加；當陳述到破案經過及其後遺症時，他打電話給何署長說：「怎麼搞的，你太厚道啦！你的部下經常說他是總統派來的，那我們是哪裡來的？現在竟要脅你如何如何，成何體統？你給我把他調走，你若是怕麻煩，我給你調好啦！」說完就掛掉電話。

　　那位常說他是總統派來的長官未能把握重點，那本假賬（張國洲筆錄）是六十九年的，而局長是七十年才到差，等於拿他當替死鬼，當然局長不能背這只鍋子。

（作者孟昭熙，《警聲月刊》第333期）

【故事五】善用藥方而賺大錢的商人

有個宋國人發明一種專治肌膚龜裂的「不龜手」靈藥，代代子孫都憑此妙藥而替人漂洗綿絮為業。有個外地人聽說有這帖家傳好藥，願意出高價五百斤黃金購買藥方。這家人為此開了家庭會議，大家討論覺得年年漂洗的收入只不過幾斤黃金而已。這位商人願意以他們年收入上百倍的高價收購，機會難得，於是將此藥方賣給了這位商人。

這位商人就憑著這神祕武器去遊說吳王製造這種妙藥，正好越國有難，吳國抓緊時機，準備入侵越國。吳王就要他帶兵出征。在冬天時節，他有「不龜手」靈藥，帶兵出征在水戰中與越國入展開廝殺。由於冬天非常寒冷，越國軍隊在水上作戰失利，手腳都受到嚴重凍傷而不利於行軍打仗。而吳國軍隊因備有防範凍傷的神奇妙藥護身，因而大敗越國。這位帶兵商人因此戰功彪炳而受到吳王裂地封侯。

同樣「不龜手」靈藥，那個家族的人不能善用，只能世世代代幫人漂洗衣物，而這位商人卻功成名就，裂地封侯，獲利千萬倍。

商人頭腦靈光，將小用變成大用，找對人，用對地方、時機，就能把傳統藥膏功能做極大化的用途。他把個人生計的小用，轉成國家大事的大用，而獲利千萬倍，真是讀通又懂得活用孫子「識眾寡之用」的信徒。

【故事六】陶朱公有智謀，卻因家人阻撓而破功

陶朱公范蠡的次子因案殺人，犯下死罪而被關押在楚國監獄。陶朱公並不護短，說：「殺人者死。然而我聽說千金之子，不死於市。」於是他要小兒子去楚國伺機營救二哥。他提醒兒子把黃金藏在粗麻袋放在牛車上以掩人耳目。小兒子正要出發時，陶朱公長子得知，堅持自己非去不可。長男說：「長子替父母管家，現在弟弟犯罪，不教我去

反而派小弟去營救，證明我這個做哥哥的沒出息！」說完作勢要自殺。這時妻子也幫長子說話：「現在派小兒子去，未必保證成功，反而先讓長子白白送命，那又何必？」

范蠡別無他法，只好讓步，改派長子出任務。他親筆寫了封信，要長子帶給楚國的好友莊生，並交代說：「你找到莊生把錢交給他，不要與他有任何爭執。」長子接受父親的吩咐，為求慎重，另外帶了數百斤黃金才出發。范蠡長子到達楚國，找到了家住城外的莊生，居住環境很差，看來家境貧困。長男遞上，莊生收下書信、千金後，說：「你快回去！你弟弟平安出獄後，切勿問其所以然。」長子告別莊生後，並不放心，因而未離開楚國，反而留了下來觀望，用他的數百黃金行賄楚國的權貴。

莊生雖居陋巷，但以廉潔正直聞名楚國，楚王拜他為師。當初陶朱公長子送來千金，他並無意接受，只想等到事成後原金奉還，以示信義助人。因此，莊生對太太叮嚀：「陶朱公的黃金，日後要退還，不要動它。」然而陶朱公長子不知莊生的用意，誤認貧窮的莊生對其弟的生死無關緊要。

莊生找到適當時機入見楚王，說：「現有某星宿在某地方，對楚國不利。」由於楚王信任莊生，問他該怎麼辦？莊生說：「只要行善施恩就可免除災禍。」楚王於是派人封存財庫。這時候，那些接受賄的權貴得悉，急著告訴陶朱公長男，說楚王將發布大赦令。因為楚王宣布大赦前，都會有封存國庫的防衛動作。

陶朱公長子認為楚王既然宣布大赦，弟弟一定被釋放，捨不得那千金重禮虛耗，於是跑去見莊生。莊生十分驚訝，那長子說：「我根本沒有離開楚國，起初我為救二弟來，現在二弟即將被釋放，因此特來向您辭行。」莊生知道他的用意，只淡淡地說：「你到室內取回吧。」長男毫不客氣入屋取金，自以得意而去。

　　莊生被晚輩戲耍，感到十分羞愧，於是再入宮見楚王，說：「今天
出門時，路人都傳言富豪陶朱公之子殺人被關，由於拿出大筆錢賄賂
您的左右，因此大王是為了陶朱公，而不是體卹楚國人民而大赦。」
楚王聽了大怒，先行刑處死陶朱公兒子，翌日才宣布大赦。陶朱公長
男帶著弟弟屍體回家，陶朱公見了笑著說：「我早已知道長子這一去，
必然會斷送二弟的生命。他不是不愛弟弟，長子從小跟我一起長大，
吃苦耐勞的他深知賺錢的不易，因此捨不得花錢。至於小兒子生下來
就在富貴家庭，吃好、穿好、騎好馬、坐大車，到處打獵及時行樂，
過著奢華日子，他哪裡知道錢從哪裡來？所以他出手大方，毫不手
軟。之前我所以要派他去營救，是因為他捨得花大錢，而長子不能，
正因為如此才使老二喪命。這是當然的事理，不必再悲痛了。我日夜
早已想到會有這個結果。」

　　范蠡會想用么子營救二哥，有知人之明，知道救人要派懂得用錢
又肯花大錢的人。可惜長子不懂這個道理，只覺得身為長子很沒面
子，會被社會認為沒出息，才會堅持要出任務，不讓他出門就負氣鬧
自殺。此事連妻子也在狀況外，竟然與長子瞎起鬨，一味幫著長子說
項，事已至此地步，范蠡在家裡已無法理性溝通，結果二兒子枉死。
由此看來，家裡真的不是講「理」的地方。范蠡面對國事，清明而理
性，都能做出明確而理智判斷，對於家務事的危機處理，則難以理智
講「理」，畢竟親「情」高於一切而遮蔽「理」性，范蠡至此只能盡人
事而聽天命。

　　生長環境對性格有很大的影響力，如果不是豪傑之士，很難自我
超越。其次，用人者須知人，用其長而不用其短。古今大小事無大小
之分，其成敗在於明白取捨之道，而取捨之道關鍵在能否知人用人，
孫子強調「全軍」全方位思考的上策，可惜這個道理，長子與婦人都
不知道范蠡苦心設謀全身而退的深意。

【故事七】無意聊天引來無妄之災

退警李中棠談起一椿聊天失言而引發的無妄之災。

一名竊嫌騎著機車到達巷子口停好後，正在到處探路，準備尋找地點下手。慢慢走，走到臺北市內湖區內湖路某段的一樓麵攤前，麵攤老闆娘親切的招呼要不要吃麵？

竊嫌順口說：好！坐下來等待吃麵時，麵店二樓家庭髮廊老闆娘剛好要外出去菜市場買菜，她到一樓麵店，請老闆娘幫忙看門一下，順口說：「大嬸，如果有人要理髮的話，請他等一下！我很快就回來，好嗎？」麵攤老闆娘說：「好！」又補了一句：「沒問題啦！您的金仔角不會被偷啦！」

家庭髮廊老闆娘忙著說：「不要亂講，那些是將來的老本！」

竊嫌說：「我一面吃麵一面聽著，心想二樓門沒鎖，家裡又沒人，又有金仔角，啊！機會來了。」他付完錢後，等麵攤老闆娘忙到裡面去時，竊嫌就趕緊上到二樓，真的得心應手偷到六條金塊。

家庭髮廊老闆娘一直未知金條早已失竊，等到警察帶竊嫌去查證時才知道「金仔角」已被一掃而光。而一樓麵攤老闆娘也不知道她不經意的談話，洩露了天機，讓竊嫌這個「有心人」得利。所以玩笑話不能亂說，在外聊天時必須分秒引以為鑑。

【故事八】運用談判技巧警匪對峙而和平落幕

孫子曰：「凡用兵之法，全國為上，破國次之；全軍為上，破軍次之；全旅為上，破旅次之；全卒為上，破卒次之；全伍為上，破伍次之。是故百戰百勝，非善之善者也，不戰而屈人之兵，善之善者也。」

戰爭的法則，是以保全國家完整為上策，警察查緝匪徒也是如此

思維。警匪發生槍戰，員警因而受傷，縱使成功緝捕盜匪也仍留下遺憾。因此百戰百勝的指揮官還稱不上是高明，能夠不必對打而能降服敵人，才稱得上高明。最高明的戰略是以計謀取勝敵人，使敵人屈服。

民國一〇六年五月，個人時任新北市刑警大隊長。某日警察分局偵查隊通報，於執行掃黑勤務的跟監勤務，伺機緝捕天道盟太陽會劉某過程中，遭對方發現而開槍拒捕，並逃進中和南勢角附近的興南夜市某棟公寓樓內藏匿。我到達現場後，瞭解嫌犯躲在公寓頂樓樓梯間，警匪對峙過程中，歹徒揚言持有手榴彈，甚至拉掉手榴彈的插鞘，表示將不惜引爆要與追捕他的警察同歸於盡。由於這個公寓所在的區域住宅林立、密集，而且公寓內尚有民眾在內，警察一時左右為難。

為了避免演變成人質挾持事件發生而傷及無辜，首先透過村里辦公室廣播系統協助，請在家裡的民眾不要外出、不要開門；接著把劉嫌困在樓梯間後，開始展開談判，並找來嫌犯的女友以電話策動勸說。在近三小時的對峙過程中，逐漸瞭解劉嫌最在意的是他的家人以及十八年的刑期。經過不斷溝通、反覆說明他並非被判無期徒刑或死刑，因此如果在監服刑期間表現良好，假釋的機會還是很高的。此外並以地檢署檢察官角度告訴他，若主動棄械投降，檢察官起訴後會從寬量刑。由於誠心再三勸說成功，降低其心中的抗拒，而卸下心防，於是棄械投降，讓整起可能造成傷亡的警匪對峙危險局面，終於順利落幕。

談判技巧有「絕困事件」，指的是嫌犯並未挾持人質，雖持有武力威脅，但卻獨自被困守在某空間而與警方對峙的狀況。要解決歹徒絕困事件，在警匪談判過程中，警察不僅要創造持續對話的機會，也要利用談判互動中主動控制過程的進行，以緩和事件惡化發展速度。最

後還要在談判過程，以共同解決問題的角度，尋求嫌犯態度軟化，進而成功化解危機。

（作者廖訓誠，現任警政署警政委員）

第四

——

軍形 篇

原文

孫子曰：昔之善戰者，先為不可勝，以待敵之可勝。不可勝在己，可勝在敵。故善戰者，能為不可勝，不能使敵之可勝。故曰：勝可知而不可為。

不可勝者，守也；可勝者，攻也。守則不足，攻則有餘。善守者，藏於九地之下；善攻者，動於九天之上，故能自保而全勝也。

見勝不過眾人之所知，非善之善者也；戰勝而天下曰善，非善之善者也。故舉秋毫不為多力，見日月不為明目，聞雷霆不為聰耳。古之所謂善戰者，勝於易勝者也。

故善戰者之勝也，無智名，無勇功。故其戰勝不忒，不忒者，其所措必勝，勝已敗者也。故善戰者，立於不敗之地，而不失敵之敗也。是故勝兵先勝而後求戰，敗兵先戰而後求勝。善用兵者，修道而保法，故能為勝敗之政。

兵法：一曰度，二曰量，三曰數，四曰稱，五曰勝。地生度，度生量，量生數，數生稱，稱生勝。故勝兵若以鎰稱銖，敗兵若以銖稱鎰。勝者之戰民也，若決積水於千仞之谿者，形也。

白話文

有實力，先立於不敗之地，才有機會勝出

孫子說：從前善戰的將領，要立於不敗之地（積極強化優勢，消極減少死角，並隱藏實力於無形），再等待敵人犯錯而出現敗象時，對手就有可能被我戰勝的機會。

厚植實力不被戰勝，操於自己先立於不敗之地；可以戰勝敵人，關鍵在於對手犯錯失誤，出現有可乘之機。因此，善戰的將領能做到對內嚴密部署，對外嚴正執法，就可以使敵人無法戰勝我，然而，並不一定保證就能打敗敵人。所以說，勝利是可以預測，但是無法強求必勝。

善守又善攻，才能取得全勝

要使敵人無法勝我，因為我方具有防守的實力；敵人出現有可乘之機會被打敗，因為我方有攻擊的能力。採取守勢是因為兵力不足，採取攻勢是因為兵力有餘。善於防守的，隱藏很深地下，深不可測，不露行跡；善於攻擊的，就像天降神兵，銳不可當，難以防守。因此，既能有效保全自己實力，又能取得全面的勝利。

善戰者無智名，無勇功

預見勝利不超出一般人的見識，不算高明中最高明的；經過激戰而獲勝，人人皆知而叫好，也算不上好中最好的。這就好比能舉起秋毫輕物，不算是大力士；能看得到日月的光亮，也不能算是千里眼；能聽到打雷巨響，也不能算是順風耳一樣。古代善戰的人，都是輕鬆打敗容易被我戰勝的對手。

因而他們打了勝仗，既沒有智謀的名聲，也沒有英勇的戰功。

因此，他們作戰都穩操勝算而獲勝，不會出現任何差錯的。

　　之所以不會出差錯，是因為他的指揮作為都建立在必勝的基礎上，是戰勝那些注定已處於劣勢、出現敗象的敵人。

　　所以，善戰的人，總是先立於不敗之地，又不錯過敵人可以被我打敗的機會。因此，勝利組的軍隊都是先具備勝利的條件，再出兵決戰，而失敗組的軍隊則是先冒險開戰後，再心存僥倖取勝。

　　善於用兵的人，總是不斷修明政治，遵循軍法制度，才能掌握勝敗。

勝利屬於絕對優勢的一方

　　計地出兵的法則有五個環節：一是土地幅員的丈「度」，二是物產資源的估「量」，三是兵源眾寡的「數」量，四是雙方軍力強弱比較的對「稱」，五是雙方「勝」負評估。土地產生幅員面積的丈度；幅員面積的丈度決定糧食產量的多寡；糧食產量的多寡決定可以出兵的人數；可以出兵的人數決定敵我雙方的實力對比；雙方實力的對比就可以決定勝負。因此，得勝的軍隊，就像用鎰稱銖而形成絕對優勢的贏面，而失敗的軍隊，就像用銖稱鎰而居於絕對劣勢的輸面。

　　高明的人指揮作戰，就像在萬丈懸崖上決開積水，一瀉千里，讓對手難以抗拒，這就是實力強大的「形」。

要義

有實力的先立於不敗之地，才有機會取勝

孫子將「形」與「勢」分二篇論述。「形」篇講的是軍事部署而表現在外的形式。而「勢」則指經人發動而產生強大的動能，例如俗語說勢不可當、勢如破竹。「形」與「勢」的關係互為表裡，互為體用，而厚植實力才是得勝的基本面。

勝利屬於絕對優勢的一方

至於厚植實力及其運用方法有三：

第一，「修道而保法」，「道」是指政治清明、經濟繁榮、社會和諧而深得人心。「法」就是完整的法規制度、嚴正執法、賞罰分明、訓練有素、用人唯才，執行起來有節奏、有章法。唯有平時做好「修道」與「保法」，才能創造一支有戰鬥力的團隊，才有旗開得勝的把握。

第二，透過雙方實力的分析、比較：土地幅員丈「度」、物產資源估「量」、兵源眾寡的「數」量、雙方軍力強弱的較量對「稱」，即可得知雙方「勝」負。

第三，經過上列分析，考慮攻防策略。力不如人，採取守勢；占有優勢，採取攻勢。指揮官的一切作為都依現場情勢而調整因應策略，或攻或防，不可一成不變或率性而為。孫子指出唯有因敵變化，不求名，不貪功，才能必勝。

善戰者無智名，無勇功

國家發動戰爭，領導人如果只想爭名奪利，留下歷史定位；而戰地指揮官也要爭得一席之地，把戰爭當成自己的事業舞臺，最後的結

局一定因小失大，得少失多。因此，孫子強調「無智名，無勇功」，只有國家利益，沒有個人名利，更要保密是各級指揮官應有的修養。

　　孫子主張謀攻要智取，智取要有堅強的實力作後盾。謀攻是實力的用，實力是謀攻的體，沒有體的支持，用則淪為無用武之地。唯有體用並濟，相互支援，才能自保而得勝；否則一味追求智取，也只是一場空夢妄想而已。

故事

【故事一】蘭姐臨危不亂的因應機智

　　南宋高宗紹興年間，浙江省某縣有位富翁辦理喬遷喜宴，吃到夜深，客人漸漸散去後，主人已酩酊大醉。他的僕人正要關門的時候，突然闖進一批蒙面強盜。

　　強盜把大家逐一綁起來，持刀威脅逼問金銀財寶藏在何處？一個膽小婢女說：「保險箱的鑰匙放在蘭姐那裡。」強盜問：「誰是蘭姐？」這時蘭姐主動站出回答：「鑰匙由我保管，你們先把繩子給我解開，我就把鑰匙交給你們。」

　　她被鬆綁後乖乖交出了鑰匙，又手持著桌上的燭臺指引強盜，進入庫房，讓盜賊把金銀珠寶全部搬走。群盜離開後，主人翁醒來又氣又急，等待天亮後去報案。蘭姐隨行途中悄悄地告訴主人：「小妾在秉燭時，已將燭淚偷偷滴在強盜的衣背上了，這個案子很快會破的。」

　　富豪稟報縣長，告訴捕快以此為識，暗中查訪，很快就緝獲群盜到案。這位蘭姐遇劫而臨危不亂，略施小計，確有常人不及的機智。

【故事二】課長不貪大名，功歸長官

　　很久很久以前，學長擔任外事課長，接獲一封檢舉信，檢舉對象是個德國人。警察局長責成外事課長，務必兩週內要限期調查結案。課長無意中跟警大同學抱怨，說：「簡直是內行人在辦外行事。」沒想到這位同學竟然如實把這句話轉告局長，局長非常不悅，命令課長寫報告，又大罵一頓說：「你內行，我外行？」課長無辜，無話可說。

　　第二天，課長親向局長說明：「我怎麼敢藐視局長呢？但是有關外事業務就是我的專業，還是我內行呀！」因為局長要求限期破案，於

是他找到警察局一位司機，請他陪同訪問這個檢舉人。

在路上，課長跟這位司機聊天，發現這位被檢舉人竟是司機的老大，而司機居然還排老二。課長驚訝，不敢置信；他問司機：「你怎麼做，才能讓我相信你說的話呢？」

司機說：「我有相片為證。」課長看到了相片上的人物，認定司機說的話果然不假。

於是課長請司機讓他帶著相片回去警察局再看一天，徵得司機的同意，課長立刻照相沖洗，留下來當作證據。後來警備總部來調查這封檢舉信，這封信是德文寫的，當地沒有人看得懂，只有課長他一人懂德文，發現寫這份檢舉函的人，是張某，臺獨第一號人物。

本案經過深入調查，得知他們與警察局的司機經常不定期聚會，還有團體照。課長完成調查報告二萬字，局長看了很滿意，核發破案金新臺幣五萬元。課長向局長報告說，這事非同小可，不能只有他一個外事課長具名，應該改由警察局長接獲檢舉信，再交由外事課調查辦理。

課長有心，效忠局長；就這樣子功歸長官，皆大歡喜。後來課長的宦途一路順暢，成為警界的青雲之士。

【故事三】預防員警重大違紀，勝於易勝

民國八十四年，臺北市發生賭博電玩重大弊案，報章電子媒體喧騰不已，萬方矚目。

電玩弊案案發前數月，臺北市信義分局轄區傳出某電玩大亨準備大舉進侵東區插旗，又風聞有人將撒錢收買警務人員。分局長聞風嚴陣以待，於是微服實地查訪，果然發現松山車站附近某大樓地下室經營家具業者正在清空搬出，經詢問搬運工人之下方知電玩業者已簽訂了租約，確有大舉東進而擴大地盤營業的跡象。

分局長滿心危機意識，於是創造「四面楚歌」、風聲鶴唳的氛圍，成功嚇退了基層同仁被金錢攻陷的風險，包括當地派出所、刑事組，還有分局主管電玩單位行政組，避免同仁貪圖自利而淪陷；更嚇退了媒體記者的穿針引線，終於阻斷了非法電玩業者從西門町東出覬覦信義區的意圖，從而也斷絕某些人的財路。

後來，周人蔘賭博電玩貪瀆重大弊案爆發，信義分局始終倖免於難，差可安慰。尤其看到當時檢調單位三不五時的搜索一些分局、派出所，人心遑遑不可終日，慨歎殊深。

記得當時警察局黃局長主持局務會議的時候，說了一句非常無奈的話：「現在我只相信我自己沒有問題。」可見賭博電玩為害之烈。

【故事四】桃花源居民的自保智慧

去過越南的人，對於越戰期間的地道無不印象深刻。

長達二百公里的地道，讓具有先進科技的美軍束手無策。北越突擊隊在此神出鬼沒，用最原始的簡陋武器，抵抗高科技而殺傷力強大的美軍攻擊，敵暗我明，美軍損失慘重，黯然退出越南。越共徹底活用「藏於九地之下」，真是孫子信徒。

田園詩人陶淵明創造的「漁人」，可能就是朝廷的線民或便衣警探，他的任務是為了「知敵之情」，追查某宗族突然集體失蹤。只是離群索居多年的桃花源住民的危機意識更勝一籌，他們早已建構一套嚴密的防衛空間，讓漁人無功而返。

桃花源地形具有天然屏障，外有群山，山外又有樹林、樹林外有花草樹叢、樹叢外又有桃花林，林外又有不少溪流。重重疊疊的天然屏障像迷宮，容易讓外人迷路。而且，桃花源出入口狹隘，只能容許一人通行，形同天然的隘口。

桃花源住民的服飾有辨識度。漁人看他們穿著的服飾像是外國

人，自成特色。因此，如果有外面陌生人闖入，住民就很容易識別
「敵」我，迅速發覺有異，很快地提高警覺性。

桃花源住民發明溫馨自然的嚇阻方法。漁人「不小心」闖入桃花
源，社區居民見他的服飾與眾不同，談吐怪異，大吃一驚之下，詢問
來路，乃熱情邀請回家，殺雞宰羊並以美酒盛情款待，意在言外。

桃花源住民發現可疑現象，快速反應通報有方法。漁人闖入桃花
源，自然引發一陣騷動，由「問所從來」到「村中聞有此人，咸來問
訊」。他們一見到外人闖入，自然而然提高警覺，舉如：左顧右盼，東
張西望；看得他心慌，望得他心虛。問東問西，問長問短，問得他不
敢有所隱瞞。由於桃花源家家熱情，戶戶好客，在敬酒夾菜，酒酣耳
熱之餘，「酒入舌出」，漁夫自然就樂得掏心挖肺，無所不談，不良企
圖，無所遁形。

桃花源住民察知不軌企圖，有統一明確的告誡詞。他們個個熱情
競相請客，讓漁夫遊府吃府，酒食不缺，快活好幾天。漁人覺得此地
無異香格里拉，必是喜形於色。居民早已察覺出他有不軌念頭，於是
眾口一詞告誡他：「不足為外人道也。」漁夫還是忘了村民的告誡。

桃花源住民發展出具體可行的危機處理機制。他們雖善待漁人，
但對他仍然不放心。不出居民所料，漁人果然在回途中，像狗沿路作
記號，方便將來有「跡」可循。

漁人回程，可想而知必然有人跟蹤，監視他的一舉一動。他們發
現漁人居心不良，做出不利桃花源的動作「處處誌之」。於是立即有了
反制動作，將漁夫所作的記號一一消除乾淨，讓漁人再來就迷路。 桃
花源的危機處理到位。既有布置，還有打探告誡，又有監控，執行力
處處到位，讓犯罪無所遁形。

桃花源子民心存危機意識，真正做到了「善守者，藏於九地之下；
善攻者，動於九天之上」的萬全境界。

【故事五】特勤人員要藏於無形

安倍晉三被槍擊後搶救不治，馬總統被丟雞蛋、飛鞋、扔書、吐口水羞辱，李總統生前頸肩被潑紅墨水，逝世後肖像被潑紅漆洩憤，政治人物的特勤維安勤務，何等重要，又何其艱難。蔣經國先生親民愛民，而維護國家元首安全是警察的重要職責，但他極不喜歡布滿崗哨的警衛，所以警方只得採用「藏於無形」的「特別警衛」勤務部署。

記得《警聲月刊》前社長張屏曾說過一段故事：

蔣經國先生有民間十大友人，人人稱道，其中年紀最大的是在臺東市中山路「同心居」小吃店老闆李忠祥，他曾八度接待用餐。

某次，縣長黃鏡峰為到訪的經國先生安排另一用餐地點，但他堅持要去「同心居」，所幸警局安排了消防隊長陳鳳江在那兒權充「夥計」，未露馬腳。後來陳隊長榮調桃園縣，經國先生再次到臺東去「同心居」用餐時，還問李老闆：「那位姓陳的夥計，怎麼不幹了？」

有一次經國先生去花蓮訪視台肥廠時，詢問一位現場的員工，他一問三不知，經國先生後來輕聲問他：「你是不是警察？」
答：「是。」

經國先生說：「你怎麼不早講呢？」

由此可見，「藏於無形」的特勤人員，不但穿著扮相要契合現場環境，而權充他人身分的基本常識也要具備。

【故事六】張良如何造勢而徹底解決接班問題

漢朝所有英雄豪傑人物，只有張良一人最瞭解劉邦的為人。當年劉邦欲廢太子劉盈，大家束手無策。呂后聽從張良之言，找來商山四皓，因而穩固太子的地位。這是牽動著漢家天下大事的重要議題。

漢初動盪不已的政治問題，就是劉邦想廢呂后所生的太子劉盈，改立寵姬戚夫人之子劉如意。呂后找張良想對策。張良一開始就是推辭，表明已不過問朝政，況且親子之間的家務事，外人實在也使不上力。張良雖已表明自己置身事外，但他還是在被迫不得已之下，而推薦商山四皓，因為他們四人是劉邦一直求之不得的人物。

漢高祖十一年，黥布造反，劉邦本來要太子劉盈出征立功，但是商山四皓授意要呂后斷然拒絕。劉邦百感交集，只好親征平叛。

西漢十二年，劉邦平定了黥布之亂，更急欲更換太子，但宴席間見商山四皓現身在太子左右，知道太子羽翼已成、聲望已定，只能放棄更易太子的念頭。

這次張良一手導演的四皓大戲，逼使劉邦回到現實環境，不能沉溺在兒女私情、以私害公而阻礙太子繼承大位的合法性與正當性。為了國家的長治久安，張良險中求而走險棋，用的策略是《孫子兵法》「攻其所必救」，讓劉邦明確知道為了漢家天下的穩定，以及國運綿延下去，絕不可以感情用事而搞得政局動盪不安，影響到國家政權的順利接班。

劉邦本是寬厚長者，又重視民心民意的國家級領袖。張良實在太瞭解劉邦；因此他的布局，就是打到劉邦心中最柔軟的區塊——他的最愛——愛美人更愛江山。因為商山四皓的現身，繼而緊貼在太子劉盈身邊護衛的那一刻，已經無聲無息地昭示了民心是站在太子這邊。劉邦可以不理會群臣的反對，但不能不重視民意趨向，因此，他別無選擇，退而選擇屈服於民意這一方。

　　張良深知劉邦，深知情勢在變，他只是客卿，隨時與時俱進而調整他與劉邦的距離。他安排商山四皓現身，以利而佐其外，讓形勢比任何人都要強大，張良造勢成功，間接而有力行銷了太子的實力，讓任何人都得臣服在商山四皓之下。

　　張良有智有謀，非常明白劉邦的心思，因此被動而積極布局「先勝而後求戰」的形勢，因為攻劉邦所必救，要救他自己建立的百年江山。張良不出手則已，一出手，所措必勝，無愧太史公稱讚留侯張良「無智名，無勇功」。

　　清末民初，安徽才子陳澹然說：「不謀萬世者，不足謀一時；不謀全局者，不足謀一隅。」張良處理問題，全局關照，智慧堪為典範。

第五

——

兵勢 篇

原文

孫子曰：凡治眾如治寡，分數是也；鬥眾如鬥寡，形名是也；三軍之眾，可使必受敵而無敗者，奇正是也。兵之所加，如以碬投卵者，虛實是也。

凡戰者，以正合，以奇勝。故善出奇者，無窮如天地，不竭如江河。終而復始，日月是也；死而更生，四時是也。聲不過五，五聲之變，不可勝聽也；色不過五，五色之變，不可勝觀也；味不過五，五味之變，不可勝嘗也；戰勢不過奇正，奇正之變，不可勝窮也。奇正相生，如循環之無端，孰能窮之？

激水之疾，至於漂石者，勢也；鷙鳥之疾，至於毀折者，節也。是故善戰者，其勢險，其節短。勢如彍弩，節如發機。

紛紛紜紜，鬥亂而不可亂也；渾渾沌沌，形圓而不可敗也。亂生於治，怯生於勇，弱生於強。治亂，數也；勇怯，勢也；強弱，形也。故善動敵者，形之，敵必從之；予之，敵必取之。以利動之，以卒待之。

故善戰者，求之於勢，不責於人，故能擇人而任勢。任勢者，其戰人也，如轉木石；木石之性，安則靜，危則動，方則止，圓則行。故善戰人之勢，如轉圓石於千仞之山者，勢也。

白話文

組織編制指揮通訊的重要性

　　孫子說：領導大軍團作戰如同管理小部隊如臂使指，這是由於組織編制運用得當。指揮大軍團作戰就像指揮小部隊一樣得心應手，這是由於號令指揮運用得宜。指揮三軍作戰，遭遇四面受敵而不至於挫敗，這是奇、正戰術的巧妙運用。因此，用兵要以實擊虛，如同以石擊卵，才能戰無不勝、攻無不克。

奇正變化才能出奇制勝

　　用兵打仗，以「正」兵對抗敵人，而以「奇」兵取得勝利。善於出奇制勝的將領，其戰術變化，像天地萬物運行般幻化無窮，像江海河流水般奔騰不息；日月循環，周而復始；四季更迭，冬去春來。音階不過五種，可是五音變化讓人聽之不盡；顏色不過五種，可是五色變化卻令人觀之不盡；味道只有五道，可是五味變化教人嘗之不盡。兵力部署的基本形勢，也只是奇、正兩種，而奇、正萬化無窮，令人高深莫測。奇、正相互轉換變化，就像圓環一般無始無終，有誰能窮盡呢？

有利的態勢，行動有節奏感

　　湍激的水勢飛快奔瀉，可以漂移沖走巨大石塊，這是由於借助強大的水勢能量所致的「勢」；凶猛的巨鷹迅速飛撲而下，可以迅即撲殺地上鳥獸當場斃命，這是準確掌握到短促的「節」奏所致。所以，善於作戰的將領，知道如何營造險峻的形勢，發動攻擊時抓住短促的節奏。「勢」如同張滿強弓而蓄勢待發，勢不可當；掌握這種短急的節奏，有如扣板機一觸即發，機不可失。

對外偽裝假象誤導對手，對內實力做後盾

戰場一片旌旗紛紛，人馬雜亂，要指揮若定，有條不紊，不可以自亂陣腳。戰況渾沌不清，要靈活指揮，面面俱到而嚴密部署，使敵人無機可乘。

表面上的混亂，是由於我方內部有嚴明的紀律支撐；表面上的膽怯，是由於我方具有勇敢的素質支撐；表面上的懦弱，是由於我方有強大的實力保證。

軍隊嚴整或紛亂，是各自組織紀律的問題；兵眾勇敢或膽怯，是各自處理環境的問題；軍隊強大或軟弱，是各自軍事實力的問題。

因此，善於調動敵人的指揮官，會故意用混亂而軟弱的假象來迷惑敵人，誤導敵人誤判而隨之起舞；給敵人一些小利甜頭，敵人貪利就會受騙上當。用小利為誘餌可以調動敵人，再用重兵嚴正以待。

求之於勢而不苛責幹部取勝

因此，善於指揮作戰的人，總是設法營造有利形勢去求勝，而不是只會苛求部屬苦戰取勝。因而他懂得因才器使，找到適當人才造「勢」。善於任用「勢」的人指揮作戰，就像滾動木、石一樣。木、石的特性就是置於平地就靜止不動，置於高峭之地就會滾動；方形的木、石會靜止，圓形的木、石則會滾動。

善於指揮作戰的人所營造出有利的形勢，就像從萬丈的高山上推動圓石滾下來一樣，這就是兵法的「勢」。

要義

形勢確實比人強

　　事實屢屢證明，形勢確實比人強，因此，善於指揮作戰的將領總是從形勢上取勝，而不會一味苛求部屬。

善用時機，掌握節奏，才能從形勢上取勝

　　激越、急速奔瀉的水流，可以將水中的巨石漂浮起來，這是借助水勢的緣故。天上的猛禽飛擊而下，將地面走獸一擊斃命，這是善於把握時機、掌握節奏所致。所以善於作戰的將領，懂得運用激水般速度的動能，造成十分險峻的態勢；也知道運用飛禽撲擊的時機，掌握短促的節奏。製造態勢，要有如拉起強弩，隨時等待發射；掌握節奏，要如同對準目標，可以迅速發動攻擊。

人才擺對位置，才能「任勢」

　　用對善於造勢人才，作戰效能就事半功倍。

　　孫子重視選擇人才，營造有利態勢，而如何才能「任勢」？首先，要有「形」，即要做到「先為不可勝」的實力，自己能守，而且守得住、守得漂亮的實力。自己先能自保「不可勝」，先立於不敗之地，再不斷地「修道而保法」，總之厚植實力最重要。

　　其次，要占有天地的利基。站在制高點，可以一覽無遺，致人而不致於人。站在有利的大環境，或攻或守都在我方掌控之中，因為自然環境具有有利態勢相乘的加分效果。但是，天時不如地利，地利不如人和，還是要有訓練有素的軍隊，方能造成有利的態勢。

　　再次，形與勢，不是恆久不變，它具有移動性、易變性與時機

性。有形、有人，更要有能力把形、人結合起來操作，運用奇正、虛實之勢的指揮官才行。也唯有經驗豐富、深謀遠慮的指揮官，方知指揮造勢之道。

想造成有利態勢，要掌握「奇」「疾」「擊」三字訣

想化阻力為助力，化不利為有利，造成有利態勢時，要特別注意掌握以下三大要素：

一、掌握出其不意的「奇」——奇、正要交互運用，令人防不勝防，分不出是正還是奇，而令人難以決定。有奇、正的運用部署，才能立於不敗之地，進而靈活運用突發狀況。預備隊、機動隊的預置，運用得當，就是最好的奇兵。

二、掌握激水之疾的「疾」——行動非常迅速，態勢十分險峻。再來就是選擇可以避實擊虛的目標，進攻時採取以實擊虛的要領，其勢當然銳不可當，無人能攖其鋒利。知道以石擊卵的道理，就掌握到用兵的要領。警察快打部隊的建置，建立不少奇功，正是基於這個需要而成立的一支疾兵。

三、掌握鷙鳥之擊的「擊」——又快又短的節奏時機，得之不易，又容易失去，這種行動的節奏感，平時就要有敏感性，要有危機感才行，因為這種時機稍縱即逝。因此，思索與行動要緊密結合，心動要立即行動，行動要有節奏感。如今警察派出所長、隊長、分局長、局長以及外勤主管每天都要在線上待命，更要有高度的治安敏感度，才能在第一時間指揮如意而快速出擊，止亂於初動，弭禍於無形。

故事

【故事一】如何找到地上的落針呢？

據說，科學家牛頓曾做個實驗，將一枚針掉在地上。問學生如何能尋找到這枚針呢？

學生的答案有：一、蹲下來找。二、關上所有的燈，然後只開一盞燈，逆著光線的方向在地面上觀察反光現象。三、用一塊強磁鐵在地面搜尋，總會找到。四、不想找了，使用備份的針。而牛頓找針的方法，是他在地上打格子，並且按照順序編號。然後依順序查找，終於在某個格子裡把針找到了。

這個辦法看似愚笨，用打格子的時間，說不定早就把針找到了。然而，牛頓的方法真是「大智若愚」。

細想一下，這世界上所有大小事，任何事情幾乎都要經歷打格子的過程。就連地球的經線、緯線，也是打格子。

牛頓打格子求解問題的道理，就是懂得《孫子·兵勢篇》的「治眾如治寡，分數是也。」的道理。再廣大的面積，人數再多的部隊、再複雜的計畫或問題，都可以將它們分解開來，劃成許多小格子，只要把每個格子的個別小問題都逐一弄清楚了，接著按部就班進行，大問題自然逐一迎刃而解。

【故事二】終結長年黃昏市場

民國八十四年，解決臺北市內湖路三段一一五巷道路沉痾問題，整頓有成的經驗，給我留下深刻印象。

這個巷道長期為流動攤販非法占用營業，嚴重影響附近住戶居家生活品質。周邊居民上下班出入不便，不但機車難行，行人也不易通

行；一旦發生火警意外，消防車進不去，人逃不出，後果真的不堪想像。

派出所同仁告訴我，那是內湖多年的老毛病，十餘年的重症，難治！民眾則抱怨：攤販屋主將馬路租給外地人坐收租金。還有人說，派出所警察不敢取締改善交通，聽說是其中有人收了紅包。更有人陳情臺北市長，要市長拿出魄力，還給居民一個安靜的住家環境。

翻閱檔案，六十七年內湖路一一五巷即有攤販紛來聚集，當時附近居民及上班族為了方便，也都樂於在此買菜，但是久而久之，造成道路的髒與亂，令居民難以忍受；於是附近住戶在八十三年二月間組成「受攤販侵害自救會」，決定自力救濟。他們選出會長，主動邀集區長、派出所主管、市場管理處科長，還邀請轄區市議員、立法委員等希望幫助住戶自救，能一舉解決攤販長期占用巷道非法營業之苦。

這個俗稱「黃昏市場」，也稱「垃圾市場」兩側住戶為了圖利，竟自行打通牆壁，占用路地，規劃為市場坐收攤費，以收攤費、清潔費為名，行侵占地盤之實，作起無本生意自肥，嚴重損害大眾行的權利。

附近住戶為自己的權益說話，並理性陳情，進而召集研究解決辦法，希望伸張公權力。他們希望能配合警方及政府公權力的積極作為排除不法，有此社區意識而凝聚成社區力量，能化為具體行動，未嘗不是好事。

不信公理喚不回，八十四年三月三日下午二點，內湖分局決定聯合環保局、養工處、建管處、交通大隊聯合行動，分局長帶隊一行人約二十餘名執法人員開到一一五巷口前，展示警力，執行「清道」專案的決心。附近許多人站出來觀望，看看警察的能耐。我們對道路障礙物如違規攤販、廣告、花盆架嚴正執法後，道路狀況一新耳目，還給了市民乾淨的巷道空間。

　　分局長同時要求派出所主管、分局組長、必須保持成果。一下子百餘攤販煙消雲散，汽機車可以雙向通行，雖然還有十餘攤販緊鄰巷道住戶門口及附近水溝上苟延殘喘，想作困獸最後的掙扎。警方乘勝追擊，分局長與交通組長、派出所主管及督察員等，對在場圍觀者堅定表示，宣示一定執法徹底的決心。

　　分局長有決心有方法，分局團隊合作無間，形成堅定執法有利態勢，終能排除長年積弊，解決大家認為無解的交通問題，實在大快人心。

【故事三】運用第三方警政策略，防治犯罪有效

　　近年來學者倡導「第三方警力」新概念。而警政署於二〇一七年函頒運用第三方警政策略，行之有效，與當年跨部會的清源專案、六星計畫相當神似。而第三方警力形成的故事，則源於警察單方執法取締的無力感：

　　話說澳洲布里斯班市「流氓」拖車露營區的故事。警察每個月接獲二十通報案電話，內容包括喧囂、家庭爭吵、毒品交易、破壞車輛及惡意破壞等失序現象。而警察雖有告發、禁止進入、驅逐，但狀況仍不斷發生，單靠警察力量，問題並無法有效解決。

　　幾次挫敗經驗後，警察發現了露營區負責人違反經營許可權限的規定，營區超收過量的人與車。警察找到「破口」，因而與核准營業的當地政府以及保險公司，建立起犯罪控制的夥伴關係。有關違反容量規定，可處罰最高三千七百五十美元，仍不改善時還可撤銷營業執照；而保險公司對於園區經營狀況進行調查，若有違反保險契約內容，將可終止保單。

　　露營區業主為了避免受罰，自行減少了汽車二十輛，並逐出七十二位客人，使得保險契約回復有效。營區負責人因此被警方吸收為第

三方夥伴的成員。自此以後，當地警察局的報案電話由每月二十通，大幅降至每月三通，控制犯罪的成果明顯有效並保持戰果。

從這個例子，顯見這種聯結第三方夥伴，無論是出於自願或被迫，有效預防或解決犯罪問題，值得大力推廣。案例顯示，第三方警力是有法律依據，能讓警察有權限干涉不法，並使第三方夥伴自願合作，甚至迫使第三方夥伴與警察合作。有法律依據基礎的第三方警力，將成為警察打擊犯罪獨特的新戰略。

【故事四】莊主誘之以利，施工沒有偷工減料

那一年到山東，參加兩岸家庭教育學術研討會，會後參觀山東牟氏莊園，發現他們的建築防禦系統非常堅實。這從他們的石頭牆壁就可以看出端倪。他們的莊主要求工人施作，非常密實。

莊主的方法就是發給所有工人，人人手上拿著銅錢到石牆邊，找石頭牆有沒有縫隙，看看是不是磨得很平整，還有沒有留下縫隙。凡是銅錢塞不進去的，這些餘錢就全部歸給砌牆的工人所有。因此，牟氏莊園的樑柱砌牆施工，都非常的縝密結實，沒有一處偷工減料。這位莊主實在深通《孫子》誘之以利的心法。

莊園建築在第二進藏有玄機，莊主規劃有主人的待客房，也就是賓客接待室，主人就在這裡跟人談生意。如果談不成生意，主人會故意摔杯子或者刻意擊掌，作為通訊暗號，那邊牆壁夾層密室裡藏匿有自己親信，那裡面可以容納一到兩個保鏢，就會迅速跳出來護駕主人，同時也設計有主人可以逃生避難的通道。

主人懂得巧妙運用《孫子》：「善守者，藏於九地之下。」

【故事五】處理宮廟陣頭遶境鬥亂而不可亂

魚在水中游，人在道中活。道就是共識，得道多助，得到越多人的支持，就越有能量解決衝突與對立。孫子的道在求勝、求生存。求勝、求生存有層次，上策是伐謀，不戰而屈人之兵；中策伐交是全勝雙贏，以及速勝，節省成本；下策是硬碰硬的對決，非死即傷，很可能兩敗俱傷。

處理群眾運動，過去強調蒐證作為法辦的依據。現在重視控制現場，避免形成現場而不可收拾。民眾要的是立即受到保護免於被害的恐懼。事有先後緩急。例如八掌溪事件，現場四名警消，束手無策，看不到有所作為，因而警察、消防署長都下臺負責。又如群眾活動中遇有媒體記者被打，警察袖手旁觀，歹徒目無法紀，百人警力形同虛設，自然飽受社會批評。

警方面對宮廟遶境鬧事的陣頭處理辦法，首先，要求偵查隊給宮廟施加壓力，對於所有的陣頭成員的背景要逐一調查，個別建檔，逐一予以約制；包括本轄的、他轄的，都不可以有漏網之魚。

接著，要對於街頭上的遶境隊伍，計畫作為加以區隔分割，每三、四個隊伍要像切香腸般隔離，避免他們串連起來鬧事；可以用警察或交通號誌加以切斷他們的隊伍，削弱其集結力道，就無法聚集鬧事。這就是切蛋糕戰法。

第三，要掌握主導權，而不能放任自由發展，讓他們為所欲為；一旦放任自行發展，就會鬧事。因此為了保證陣頭遶境活動平安落幕，除了要有現場處理經驗，又要能果斷而判斷精準，才不會鬧得不可收拾，淪為媒體輿論批判的箭靶。

（作者賴銘助，現任南投縣警察局督察長）

【故事六】薄姬掌握勢險節短，低調不爭，美夢成真

漢文帝的母親薄太后出身微賤，家庭清貧，為人低調不爭，反而成為漢朝群臣公認的婦女領袖人物。

秦朝末年，劉邦遊走女俘縫紉室，發現薄姬有些姿色，就把她納入後宮。可她入了後宮，一年間卻見不到劉邦一次。幸好她有少女時代的好姐妹幫忙，才讓薄姬有機會出人頭地。

當年薄姬還是少女時，有二個好姐妹管夫人與趙子兒，三人感情非常要好；曾一起約定：「先貴無相忘」，後來管、趙二人都得到劉邦的寵愛。有一天劉邦閒坐，聽到二人笑聲不斷，順口問她們笑什麼？她們才道出當年三人的約定。劉邦聽了十分憐惜，當晚就請薄姬來陪宿。

侍寢當晚，薄姬先給劉邦心理建設，說她昨晚夢見一條蒼龍盤壓在她的腹部。劉邦高興的說：「這可是將來要顯貴的徵兆啊！今晚我就成全你。」只此一次臨幸，薄姬果然生下一男，他就是後來的代王劉恆。但是她生下孩子後，又很少見到劉邦的身影。

禍福其實難定。劉邦一死，那些後宮曾被劉邦寵愛過的女人，尤其是戚夫人及嬪妃等無一倖免，都被呂后一一關禁閉。由於薄姬很少在劉邦身邊，屬於被冷落一族，因此呂后允許她出宮。她就跟著兒子劉恆默默到北方邊境山西平遙的代國。

代王劉恆在任十七年期間，中樞不安。呂后稱制，殘殺功臣，分封諸呂為王，引起群臣不安。呂后一死，大臣痛恨呂氏外家勢力太大而危害劉氏子孫，大家討論一致稱讚代王母親薄氏家族善良寬厚，於是決定迎立代王為帝，是為孝文帝，而代王的太后改稱皇太后。

回想薄姬生了劉恆，卻甘於平凡平淡，不與人爭，才能真正避開呂后的追殺之禍。例如：呂后要請代王調升趙國大國，那是地方富庶大肥缺，劉恆不為所動，薄姬也不動於心，對於呂后的好意，母子敬

謝不敏。人人避之唯恐不及的代地，他們甘之如飴；大家趨之若鶩的趙地，他們棄如敝屣。從結果論看，薄姬母子確有先見之明。

　　薄姬知所把握機會，善於行銷，成就自己。「善戰者，其勢險，其節短，勢如彍弩，節如發機。」薄姬以待罪之身被拘、被罰勞役縫紉。難得一次初遇劉邦，就讓他留下好印象，這是薄姬的希望與用心著力之處，此一處境真是「其勢險」。後來經好友的推薦，得以讓劉邦主動由憐生愛，願意撥冗臨幸一次，這可是難逢的際遇。她懂得把握良機，畢竟是「其節短」的發揮機會。薄姬在臨幸之前，先給劉邦機會教育，明示她昨夜與龍有關的神奇夢境，其實她在暗示劉邦，自己並非一般女子。薄姬追求先機，先給劉邦心理建設，要他有心理準備。果然劉邦不疑有他，於是全力配合演出，幫助薄姬圓夢，果然美夢成真。

【故事七】彭越斬殺集合遲到的人而立威

　　秦末時期，彭越曾在鉅野澤一帶水域捕魚為生，偶爾客串強盜。陳勝、吳廣揭竿起義反秦時，有年輕人對彭越說：「那麼多的英雄豪傑自立旗幟，都自封為王，反抗暴秦，你也可以有樣學樣啊！」彭越說：「不急！如今就像兩條強龍相鬥，我們可以坐山觀戰，等待機會。」

　　過了一年，鉅野澤青少年上百人集結，他們又找彭越，說：「還是請你出面領導我們吧！」彭越推辭：「我可不願帶領你們。」經過青少年們再三地懇求，彭越最後才答應。彭越與他們約定，明天清晨日出時刻集合，如果誰遲到了要被斬首。

　　第二天日出集合時，有十多人遲到，最晚的遲至中午才來。於是彭越宣布：「我年紀大了，本來就不想當你們的領袖，可你們偏要找我做。今天才集合，就有這麼多人遲到，不能一一斬首，不然殺那最晚報到的人吧！」於是下令隊長行刑。

　　眾人都笑了出來，說：「事情沒那麼嚴重吧？這次原諒他，下次大家再也不敢遲到。」彭越不聽，表情嚴肅地下令斬殺，隨後設立祭壇祭拜，發號施令，眾人嚇得大驚失色，人人畏懼彭越，沒有一人敢抬頭仰視。於是彭越率領這夥人攻城掠地，同時隨時收編各地的散兵游勇，很快地發展到一千多人，成為地方一霸。

【故事八】田穰苴求之於勢而立威

　　春秋晚期，晉國、燕國占領齊國北部黃河南岸一帶，齊軍不堪一擊，節節敗退。齊景公十分憂慮。

　　於是賢相晏嬰推薦田穰苴，他保證田穰苴對內有團結民心、使人歸附的能力，對外則有克敵制勝的功力，所以晏嬰大力建議景公起用田穰苴。當時齊國正需人才之際，景公立刻召見田穰苴，與他討論軍事問題與用兵方法。田穰苴有問必答，答必中肯，景公非常滿意，馬上任命田穰苴為將軍，指揮軍隊抵抗晉、燕兩國入侵。

　　田穰苴心知肚明，光靠一人之力，難以撐起大局重任，何況他是微不足道的庶子，因此他想找個權貴來為自己撐腰、立威。田穰苴臨危受命後，不敢大意，立即向齊景公報告，請求景公指派一名親信大臣前往監軍。田穰苴請求景公派最得寵的臣子當監軍，以利隨行監督軍隊。景公不疑有他，欣然同意，馬上指派親信莊賈當監軍。

　　田穰苴向齊景公辭行後，轉身就去找莊賈，相互約定明日中午，在軍營大門口相見。莊賈是貴族，不知軍中的利害交關，居然喝酒誤了大事。

　　莊賈一向驕貴，不覺得監軍有何重要，他認為主將田穰苴已經到達軍中，自己只是監軍，不用著急。因此，許多親戚朋友紛紛請客喝酒送行，他來者不拒地放心大吃大喝起來，渾然忘記國難當頭與保家衛國的急務。

　　全軍上下等了又等，到了正午，久等不見莊賈的踪影。田穰苴見約定的時間已過，於是推倒計時器，大步走進軍門，集合隊伍，進行操練，並約定紀律。這些都講演完成，已到黃昏，莊賈才姍姍來遲。

　　田穰苴不聽解釋，板起臉色問軍法官：「依軍法規定，遲到的人該如何辦理？」軍法官回答：「當斬。」

　　莊賈心生畏懼，嚇得魂不附體，趕緊叫人飛馬向齊景公求救。求救的人還未回來，田穰苴已斷然下令斬首莊賈示眾，毫不留情地就地正法。三軍將士看到血淋淋的整飭場面，人人無不驚恐敬畏。

　　不久，齊景公的使者手持符節信物，奔馳闖入軍營，要求赦免莊賈。田穰苴義正辭嚴說：「將在軍，君令有所不受。」又問軍法官：車馬入軍營不能奔馳，如今使者駕車奔馳軍營，亂了軍紀，該如何處置？軍法官還是短句回答：「當斬！」使者一聽嚇壞了。

　　田穰苴冷靜地說：國君派遣來的使者不能殺，於是下令殺使者隨身車夫，以示懲戒使者違紀行為。懲罰執法完畢，放走使者回報景公，自己則率軍上前線。

　　在行軍途中，田穰苴一路對士兵的飲食、宿營，以及疾病都親自慰問關懷，並且妥善處理士兵大小問題。而朝廷為他特別準備的糧食衣物，都與士兵分享，自己與大家吃一樣的口糧，一切都與最基層士兵同甘共苦。這樣到了第三天，他準備出擊晉軍、燕軍，這時連生病的人都爭著要一起出戰。

　　晉軍聽到田穰苴的嚴整風格，自動引兵撤退。燕軍得知他的治理強悍與愛民風範，也渡過黃河，向北撤軍。田穰苴於是揮師追擊晉軍，收復齊國的失地，才引兵歸來。

【故事九】從司馬遷的不幸遭遇，體會形勢比人強

　　漢武帝主政期間，好大喜功，多次規劃主動出擊匈奴。李陵不願

當後勤支援部隊，而強烈主動請纓上第一線。未敗前，前方使者來報，漢朝公卿王侯皆舉杯上壽祝福。然而過了幾天，李陵戰敗消息傳來，漢武帝為之食不甘味，聽朝心情不佳。大臣憂懼，不知所出。

司馬遷但見主上心情黯淡，真心誠意想為漢武帝解憂。他慷慨陳詞，以為李陵平日與士兵甘共苦，得到士兵效死力賣命，雖是古代名將也不過如此。可惜漢武帝誤解，以為他在暗損貳師將軍李廣利，而明為李陵說好話，這樣無異在責備漢武帝的窮兵黷武，因而被認為誣上，遂被下獄，交付司法審判。由於他既無錢財贖罪，朋友也不敢出面營救，於是每天與獄吏為伍，幽禁監獄之中過苦牢日子。

司馬遷感嘆地說：猛虎處在深山，百獸震恐，等到被捕抓而關在鐵檻之中，只見牠搖尾乞憐而求食，為什麼呢？「積威約之漸也」，因為老虎遭到人類日積月累的恐嚇制約。司馬遷如今被綁住手腳又光著身體，被關在高牆深鎖的監獄之中，更受到不當刑求。當此之時，見到獄吏則嚇得猛磕頭求饒，為何看到獄卒就心驚肉跳呢？就是「積威約之勢也」。

司馬遷舉出歷史人物，說：「西伯姬昌，是個諸侯，被拘押在牖里；李斯，是秦朝丞相，也曾受到嚴厲的五刑；韓信當過楚王，也在陳縣被拘捕；彭越、張敖也當過一國之君，還不是被關治罪；絳侯周勃平定諸呂之亂，權勢超過春秋五霸，還是被囚禁；因平定七國之亂有大功的魏其侯竇嬰，雖然為漢朝立下戰功，也乖乖穿上囚衣、戴腳鐐、手銬。項羽手下一級戰將季布戰敗後，被漢高祖劉邦全面通緝，躲在朱家當奴隸。這些名人都曾居高位而聲名遠播，然而只要被按個罪名，卻都被關押，古今都一個樣。」

司馬遷下結論：由此可知「勇怯，勢也；彊弱，形也。」一個人的勇敢或膽怯，剛強或軟弱，都是客觀情勢造成的。這樣情勢的約束，我們就不難明白其中的道理。

第六

———

虛實 篇

原文

孫子曰：凡先處戰地而待敵者佚，後處戰地而趨戰者勞，故善戰者，致人而不致於人。

能使敵人自至者，利之也；能使敵人不得至者，害之也。故敵佚能勞之，飽能飢之，安能動之。

出其所不趨，趨其所不意。行千里而不勞者，行於無人之地也；攻而必取者，攻其所不守也；守而必固者，守其所不攻也。故善攻者，敵不知其所守；善守者，敵不知其所攻。微乎！微乎！至於無形；神乎！神乎！至於無聲，故能為敵之司命。進而不可禦者，衝其虛也；退而不可追者，速而不可及也。故我欲戰，敵雖高壘深溝，不得不與我戰者，攻其所必救也；我不欲戰，畫地而守之，敵不得與我戰者，乖其所之也。

故形人而我無形，則我專而敵分；我專為一，敵分為十，是以十攻其一也，則我眾而敵寡；能以眾擊寡者，則吾之所與戰者約矣。吾所與戰之地不可知，不可知，則敵所備者多；敵所備者多，則吾所與戰者寡矣。故備前則後寡，備後則前寡；備左則右寡，備右則左寡；無所不備，則無所不寡。寡者，備人者也；眾者，使人備己者也。

故知戰之地、知戰之日，則可千里而會戰；不知戰地、不知戰日，則左不能救右、右不能救左，前不能救後、後不能救前，而況遠者數十里，近者數里乎？以吾度之，越人之兵雖多，亦奚益於勝敗哉？故曰：勝可為也。敵雖眾，可使無鬥。

故策之而知得失之計，作之而知動靜之理，形之而知死生之地，角之而知有餘不足之處。故形兵之極，至於無形。無形，則深間不能窺，智者不能謀。因形而錯勝於眾，眾不能知。人皆知我所以勝之形，而莫知吾所以制勝之形。故其戰勝不復，而應形於無窮。

夫兵形象水。水之形，避高而趨下；兵之形，避實而擊虛。水因

地而制流，兵因敵而制勝。故兵無常勢，水無常形，能因敵變化而取勝者，謂之神。故五行無常勝，四時無常位，日有短長，月有死生。

先到三分鐘，十分輕鬆

孫子說：凡先到達戰場，準備就緒，便能以逸待勞、從容迎戰；後到達戰地，無暇也無法充分部署，就會手忙腳亂應戰。因此，高明的指揮官總是支配敵人，而不會被人支配。

主動積極調動對方

能使敵人自動前來，要讓他有利可圖；能使敵人不敢前來，要使他心生畏懼。所以，敵人安逸，能使他疲勞；敵人糧草充足，能使他飢餓；敵人安穩，能使他騷動。攻擊的目標要選他無法救援的地方，行動的時機要選他意想不到的時刻。行軍千里而不覺得疲勞，要走在他沒有設防的地方。進攻必然得手，要打他不能固守的地方；我防守固若金湯，是因為防守他不敢來攻的地方。

因此，善攻的人，會讓敵人不知道該在何處防守；善守的人，會使敵人不知道該在何處進攻。微妙啊！微妙啊！微妙到無形可見；神奇啊！神奇啊！神奇到無聲可聞，這樣，就可以主宰敵人的命運。

攻他罩門，非救軟肋不可

進攻的時候，敵人無法抵抗，是因為攻擊他的薄弱之處；撤退的時候，敵人無法追擊，是因為我方行動迅速，快得讓對方追趕不上。所以，我要攻擊時，敵人即使有高壘深溝的嚴密設防，也不得不出來與我決戰，這是由於攻到他非救不可的要害。我不想應戰，即使只在地上劃一條紅線即可守得住，敵人就無法來進犯，是因為我在其他地方設法以利害威逼而調動情勢，迫使敵人改變既定的進攻方向。

運用虛實，形成優勢

所以，要設法給對方假象，而我不露形跡真相，這樣我就可以集中兵力，而對方就不得不分散兵力。我集中兵力在一地，對方卻分散在十處，這樣我可以形成以十攻一的絕對優勢，而造成我眾敵寡的有利態勢；能做到以眾擊寡，那麼敵人就會陷入困境。

我與對方決戰的地點不為人知，那麼對方不知我方虛實，要防備的地方就很多，敵人要防備的地方一多，就要處處防備，那麼他們兵力就被稀釋而變得少而單薄。所以，對手防備前方，後方兵力就變得薄弱；防備後方，前方就顯得薄弱；防備左翼，右翼就變得薄弱；防備右翼，左翼就變得薄弱；如果到處設防，就變成處處薄弱。兵力薄弱的原因，就是到處防備別人；我方兵力集中的優勢，是迫使敵人處處防備我。

主動掌握時空因素，爭取勝利

因此，只要能夠預知會戰的地點、時間，就可以千里赴戰。若不能預知作戰的地點、時間，那麼軍隊的左翼無法救右翼，右翼也救不了左翼；前方難救後方，後方也難救前方；何況遠的相距數十里，近的也有數里之遠呢！依我所見，越國的兵力雖然眾多，對於戰爭的勝利又什麼助益呢？所以說：勝利是可以爭取的。敵軍雖多，也可以使他們失去戰鬥力，而無法與我較量。

探測對方虛實的方法

因此，通過籌策分析、研究敵情，就能預知雙方計畫的優劣得失；通過刺探、挑動敵人，就能預知對方的動靜虛實；透過偵查地形，就能瞭解戰地的有利不利；小規模試探性戰鬥，就能摸清楚對方兵力的虛實強弱。

因此，戰前行動保密到極點，以假象迷惑敵人用到極致，會讓人摸不清底細、看不出形跡；由於無形可見、無跡可尋，因而即使有深藏臥底的間諜也無從窺知我的底細，再聰明的對手也想不出好辦法。

這般靈活無形的「示形」方法而獲勝，放在大家的面前眼底，眾人不懂其中的奧妙；大家只知道我外在得勝的狀況，卻不知道我內在如何營造取勝的策略。所以我每次戰勝的謀略作為，絕不會重複老套方法，而要因應對方不同狀況而靈活應變。因此，每次應變的方法不止一端，不斷變化戰術。

因敵變化，避實擊虛

用兵的規律好像流水，水流的規律是避開高處，流向低地；用兵作戰的規律也是避開敵人實處、強點，而攻擊敵人虛處、弱點。水流因地形高低而決定流向，用兵也要因應敵情變化而應變取勝。所以，用兵作戰並沒有一成不變的態勢，水流也沒有固定不變的形態。能夠隨著敵情發展的變化而得勝者，叫作用兵如神。

五行相生相剋，沒有哪一個是永遠常剋的；四季推移更替，也沒有哪一季是固定不移的。何況白天日照的時間有長有短，夜間月亮的形狀有圓有缺。

主動致人而不致於人

用兵作戰的最高指導原則是「致人」，我方要採取主動的積極態度，先到戰場部署，方能以逸待勞，就可以支配敵人，調動敵人而指揮如意。

至於如何「致人」，爭取主動權來支配敵人，孫子的方法如下：

一、誘之以利。給他好處，他就會如期赴約，踏入陷阱。有致命的吸引力，就會不請自到；放下誘餌，自然會有上鉤的魚兒。

二、阻之以害。要他不來，必須先讓他害怕。多方困擾、百般阻撓、示形不利而對他有害，他就裹足不前。

三、一夜數驚。對方安逸養生，要讓他疲於奔命。孫子對付楚國，就是運用疲楚策略。毛澤東發明「敵進我退，敵據我擾，敵疲我打，敵退我追」的游擊策略，正是對付國軍有效的疲勞戰法。

四、飽能飢之。堅壁清野，燒光敵人的糧食，斷絕對方的後勤補給，以削弱其鬥志，士兵飢餓，士氣不振，自然無力也無心作戰。

五、安能動之。對方人心安定，休養生息，這時要運用多種方法，調動敵人，如罵陣、污辱、刺激對方，讓他忍無可忍而輕啟戰端。

六、出其不意。「出其所必趨，趨其所不意」與「攻其無備，出其不意」相同意思；攻擊對方的要害，攻打他非救不可的地方。

七、走安全走廊。走在敵人沒有設防的虛處，沒有障礙，不會遭遇敵人的注意與襲擊，如入無人之境；因此，行軍安全又輕鬆。

八、打蛇七寸。出兵進攻必然得心應手，是攻他的弱點，打他的虛處，就是「以實擊虛」的道理。

九、占領制高點。防守固若金湯，是因為守在對方不敢或無法進攻的地方。

綜上九點「致人」而不致於人的方法，懂得運用虛實，才能善攻、善守，可以掌握敵人，而不會受制於人。

為達到「致人而不致於人」的策略，部署原則可分為：

一、部署無形，以眾擊寡。我方的部署神祕、嚴守「機密」，不可暴露人知，相反的，要讓對方的部署計畫曝光，這是虛實的運用，就可以「致人」而不致於人，而以眾擊寡。

二、守口如瓶，神祕莫測。這是虛實的靈活運用，劣勢可以轉成優勢，唯有保密，才能讓對方備多力分。因為他不知我情，即使有再多的兵力到處配置防備，自然「無所不寡」。要讓敵人防不勝防，自然自己要先保密實力、守口如瓶讓對方神祕莫測。

三、知天知地，重視情蒐。決戰的時間與空間都能掌握，就可以充分準備，早日部署，以逸待勞決戰千里。只要認識環境，掌握特定的時空因素，透過虛實轉化的運用，敵人表面再多也不可怕，因為，虛實謀略可以化解敵眾為敵寡，讓敵人的實力無法發揮作用，成為少數兵力或無效兵力，根本不能打仗。

掌握虛實先知之道

至於如何探測敵我虛實，其方法有三：

投石問路，打草驚蛇。要洞察虛實、知彼知己，方法是「策之而知得失之計，作之而知動靜之理，形之而知死生之地，角之而知有餘不足之處。」其次，再以試探性的假動作，挑起對方的反應，以洞察對方的動靜與虛實。進而暴露對方的部署、洞察生死地形，判斷地物的險易虛實。最後，接近對方，小作接觸、較量行動，以確認敵我雙方真正的實力。策、作、形、角四階段動作，都在投石問路、打草驚蛇、威力搜索。

二、嚴守機密，無形無間。用兵部署，要不露形跡，隱密到家。

　　三、創意不斷，推陳出新。外行人看熱鬧，內行人看門道。一般人看戰爭只知其然而不知其所以然，已習慣於經驗方程式解決問題，如果主客觀環境改變，還是運用舊思維，想複製過去成功經驗，並不一定保證旗開得勝。

向水學習，虛實為用

　　「兵無常勢」、「避實擊虛」、「因敵制勝」、「戰勝不復」，真是千古以來的金科玉律，也是蒐集情報、規劃勤務及攻堅、防暴、反恐策略的不易法則。

故事

【故事一】失手掉落杯子就是一種測試

　　李安導演電影《臥虎藏龍》，玉嬌龍與母親一起去見俞秀蓮，要澄清自己並未偷拿寶劍也未殺人。

　　三人在書房裡茶敘，俞秀蓮「不小心」失手掉下茶杯之際，只見旁座的玉嬌龍立即反應，自然反射動作伸手而精準接住茶杯。整個過程俞秀蓮全部看在眼裡而不動聲色。俞秀蓮這個測試的小動作，證實了她心中的疑慮，終於知道玉嬌龍會武功，而且是個偷劍又殺人的凶手。

　　失手掉杯子就是一種測試，孫子說：「策之而知得失之計，作之而知動靜之理」，警察辦案有時也會使用舉手之勞的小動作，來證實心中的合理懷疑，進而取得犯罪物證。

　　有人明知故問，其實都是有備而來的。

【故事二】有人問話，小心有心人在探路

　　曾喊出「錢是公家的，命是自己的」李師科，搶劫土地銀行而轟動一時。他為了搶銀行，決定先搶一把槍當作案工具；經過不斷觀察、測試，他選擇教廷大使崗亭警察下手。

　　當天崗亭值班警員一人，年輕人，經驗不足，執勤時漫不經心，每天值班不是看報，就是看書，毫無戒心。李師科假裝問路，進入崗亭後，先是不斷讚美員警讀書用功，將來前途無可限量，卸下了警察的防衛心防。李師科接著用左手翻閱書報，順勢問他在看何書，右手則趁機用力抓住警員後腦頭髮向前猛撞，並順手搶走警槍，再朝警員頭部開槍斃命，然後開著自己的計程車揚長而去。

不久，土銀搶案發生震驚全臺。李某，退役士兵，當知「策之而知得失之計，作之而知動靜之理，形之而知死生之地，角之而知有餘不足之處。」年輕警察枉死於退役士兵，真是血淋淋的教訓。

有人搭訕、攀問，執法人員千萬不能掉以輕心。

【故事三】因「敵」而致勝的值班員警

基層警察經驗豐富，懂得用正確方法，順利解決問題。例如原鄉的原民警察，面對兩部觀光遊覽車遊客的衝突事件，只消一句話就輕鬆化解衝突，令人欽佩。都市萬象紛紜，有個精神異常的民眾跑到派出所來亂，值班警察臨危不亂，他福至心靈地完全配合演出，用無厘頭動作和莫名其妙的言語與他溝通，接著教他伏地挺身，相互敬禮，取得他的信任後，再叫他踢正步，這個不速之客竟像被催眠過似的，乖乖安靜的照警察手指的方向走出派出所。

又在雨夜的時刻，一名酒醉男子闖進警察派出所大吵大鬧，酒瘋至不可收拾。備勤的員警見狀，放下手邊工作，走到這個老兄身邊，低身細語幾句……，這個醉漢忽然安靜下來，接著逕自離開派出所，再也不回頭。

【故事四】摸清底細，瞭解虛實，將歹徒打回原形

彰化縣花壇鄉張姓道士因不堪地下錢莊逼債壓力，竟開車載父親、妻子出遊賞夜景，讓車輛墜入深谷，造成父死妻子重傷的悲劇，道士蓄謀偽裝成意外，意圖詐領保險金。警方到達現場後發現他相當冷靜，沒有絲毫失去至親的傷痛，頗不尋常。

受理報案的三家派出所警員洪敏家到場，察覺張男過於冷靜，立即通報偵查隊副隊長陳坤男。副隊長發現案發現場的地面是平的，不

是斜坡，車輛不可能順著地勢滑動，大膽假設其中有詐，當下直接問張姓道士：「你到底是遇到什麼困難，才用這種方法（犯案）？」

道士嚇了一跳，但仍硬著頭皮裝傻，努力解釋：「我把排檔打在前進檔，忘了打入停車檔，車子才滑落墜崖。」陳坤男開門見山，問得道士措手不及，接著突然抓住道士的手，感覺此人手心異常冰冷；再伸手搭住張的肩膀，感覺怎麼這麼僵硬；再擁著肩膀，輕壓他的頸動脈，發現脈搏速度跳得非常快，於是副隊長眼睛直接盯著他的雙眼說：「全場只有你的手是冰的，我看……你就招了吧！」

道士這下更慌張，掏出一根菸，手指卻不停顫抖，抖得菸都快點不著，好不容易點著，抽了幾口後就全盤托出謀殺父親、妻子的經過，並現場模擬謊報意外，案情急轉直下證實預謀殺人，警方宣布破案。

老練的刑警靠著「抓手」、「搭肩」、「摸脈」，無須嚴刑拷問，當場就讓道士俯首認罪。副隊長探清對方底細虛實，案情迎刃而解。

【故事五】絕對不能說出的秘密

孫子談「害」，其實就是「所愛」。酒過三巡，資深刑警周小哥總是帶動風潮，掌握餐廳話語權。這天他又高談辦案前塵往事。

多年前，臺北縣五股箱屍案，屍體已經腐爛，警察宣布破案。

嫌犯被移送地檢署偵訊，他宣稱被警察刑求。經查臺北縣警察辦案有加工（刑求）嫌疑，用毛巾滴水，偵訊過程中嫌犯掙扎翻動時，毛巾掉到地上。此時嫌犯聽到有人下令小江把毛巾撿起來。小江會是誰呢？後來一查是刑警大隊的司機小江在旁看熱鬧。

由於小江與法院司機非常熟悉，探出一件不可說的秘密，原來辦案的女檢察官也像呂后一樣，身邊有個「審食其」情人。於是，小江請求徵信公司派人日夜跟蹤，拍了不軌相片。

「兵之形，避實而擊虛」。開庭的時候，小江「攻其所必救」，說：「報告檢座，我有證物。」他若無其事地雙手將「證物」呈交檢座。一物剋一物，小江沒事了。

同桌還有大家欽敬的謝校長，附和談起自身經歷。某次晚宴中，校長不意驚見在座有兩位已婚男女高官擁吻鏡頭。第二天，女方主動前往找謝校長解釋，說昨晚他喝醉了，她只是扶他一下而已。校長「不解」，只輕輕回道：「我不知道妳在說些什麼？」後來他們都做到了政務官，而且外派他國，都有相當成就。

【故事六】希拉蕊因敵變化而取勝

小心隔牆有耳，其實旁邊早就有耳了。

眾人皆知前美國總統柯林頓主政期間，與眾議院議長金瑞契不和。金瑞契母親凱瑟琳有次接受哥倫比亞電視主播宗毓華訪問，宗毓華問金瑞契母親：「有沒有聽過金瑞契對希拉蕊的看法？」

金瑞契母親說：「有，但我不能說！」

宗毓華不懷好意，笑著說：「你悄悄小聲告訴我，只有我和你知道而已。」金瑞契母親於是附著耳根，很小聲地告訴宗毓華：「She is a bitch。」「bitch」這字有「婊子」、「悍婦」、「賤人」等意思，都不是個好名詞，結果宗毓華竟將這段訪問如實完整的播出。

面對這等不堪的「評價」，美國第一夫人希拉蕊絲毫沒有動怒，反而立即親筆寫封信，邀請金瑞契母子訪問白宮，並親自帶領他們參觀白宮，她要讓全國人民看看希拉蕊到底像不像個「bitch」。

希拉蕊無緣無故被羞辱，她並沒有被負面情緒綁架，也沒有無言以對而暗自神傷，更沒有憤怒而正面反擊，卻出神入「化」，像極了劉邦在烏雲密布而危機四伏的鴻門宴前夕，在張良引介之下，發揮機智，輕鬆地化敵為友，居然能讓敵方的項伯——項羽身邊最親長輩心

悅誠服。項伯像被劉邦施了魔法般的情願甘心，竟而背叛項羽，自動自發入座成為劉邦的天字第一號情報員。希拉蕊也以行動落實了：「兵無常勢，水無常形，能因敵變化而取勝者，謂之神。」

希拉蕊果然絕非等閒女流，輕舉玉手一彈，對手煙消雲散，無力反擊，正是贏家高明取勝的絕佳風範。

【故事七】形人而我無形──敵明我暗

民國九十二年春節期間，警政署大力宣導預防犯罪。在電視上出現警察告訴民眾舉家外出，可以通報當地派出所，警察會加強巡邏勤務幫忙看家。結果有一名警員就把申請保護巡邏的住家，在他家門口掛了一個巡邏箱，上面寫著「舉家外出臨時巡邏箱」，引起了正準備出國旅遊的市民強烈表達不滿。當時電視媒體爭相報導這個烏龍事件。

這種情形就像在公車上有人喊出「小心扒手！」，其實他自己就是扒手。因為說出這句話，會引起大家不知不覺地去摸摸看自己的錢包有沒有不翼而飛。這樣的動作就是小偷藏於無形，卻要疏忽的人現出錢包原形的話術。

【故事八】甘茂善用「曾參殺人事件」安度危機

秦武王對甘茂說：「我好想坐車到三川，能夠如此我死也瞑目。」三川在今河南洛陽一帶，因其地有伊水、洛水、黃河三河匯流而得名。此地是周天子的都城所在，秦武王東出的用意不問可知。甘茂知其心意，就說：「請讓我去魏國，約請共同討伐韓國；並請向壽先生（宣太后、秦武王的親信）與我一同前往。」

甘茂初抵魏國，就對向壽說：「你回去報告秦王，魏國已聽信甘茂的話，請大王還是不要攻打韓國。你這樣說，事成後所有功勞都歸

你。」秦武王得知後大怒，約甘茂回國在息壤之地見面。秦武王一見甘茂，劈頭就質問他為何變卦？甘茂解釋：「我們想攻打韓國宜陽，宜陽可是一座大縣城，長久以來魏國上黨、南陽縣的許多物資都儲存在宜陽，宜陽名為縣城，其實規模相當於郡。現在想要跨過許多險要之地，千里去攻打早有準備的宜陽，有很大的困難。」接著，甘茂引用「曾參殺人」故事，說明他的能力比不上曾參，秦武王信任他的程度也比不上曾母對兒子的信任度，何況未來給他造謠抹黑的一定不只三人。他擔心秦武王有朝一日，也會像曾母一樣聽信謠言。

甘茂再舉例說明，樂羊攻滅中山國而得意論功行賞時，魏文侯取出一大箱詆謗他的書信。樂羊看了深深感嘆，跪叩恭敬地說：「我沒有功勞，全靠您的英明領導。」最後甘茂說：「我是外來人，如果樗里子、公孫衍（奭）都站在秦國的立場反對我們伐韓行動，您一定會相信他們，進而改變我們伐韓的主意。如果您對我起了疑心，您就負約而騙了魏王，而我主張伐韓，也必定會受到韓國君臣的怨恨。」

秦武王聽了有感，立刻與甘茂就近在息壤立下誓約。盟誓後，秦武王派甘茂領兵攻打韓國宜陽；打了五個月，還是攻不下來。這時樗里子、公孫衍（奭）二人果然出面反對攻韓行動，秦武王聽信而召回甘茂。甘茂問說：「當時我們在息壤立下的誓約，還在那裡呢？」一語驚醒秦武王，於是秦武王加派大軍增援，甘茂全力攻韓而大獲全勝。秦王終於完成生前最大心願。

甘茂以外國人身分入秦而受重用，不免會讓秦國宗室貴族投以異樣的眼光。他之所以能得到秦惠王、武王、昭王另眼相待，進而洞悉秦武王最大的心願，想要達成稱霸的目標，實得力於他有學有識，又有方法，確有識破人心隱微的智慧。

甘茂智絕過人，事先設想可能會發生的風險、時機點、可能的威脅，再逐步推演出有效的防弊對策。由於甘茂深知內部首長的目標及

其相關的風險，並且能預測外部的潛在危機，而有立下誓約的造勢動作以為佐助，進而「懸權而動」，因「敵」變化而採取應變活動，終於圓滿達成任務。由此可見，要避免「三人成虎」、「曾參殺人」悲劇一再發生，是有條件的。

【故事九】兵家孫臏身殘而心堅「圍魏救趙」

　　孫臏曾與龐涓一起拜師學習兵法，學成後龐涓先到魏國發展，被魏惠王任命為將軍。他自知才能不及孫臏，暗中派人請他到魏國，竟羅織罪名誣陷，砍了孫臏雙腳，使他殘廢而不良於行，同時在他臉上刺字，讓他見不得人，永無出頭之日。

　　後來，齊國使者來魏國首都大梁，孫臏以罪犯之身，暗中求見齊國使者；使者十分驚服孫臏的才氣，把他藏在馬車內偷載運回齊國，他與齊國大將軍田忌相見，田忌非常賞識而善待他。

　　田忌常與貴族公子賭賽馬，孫臏觀察他們馬實力相差無幾，都可分上、中、下三等。於是孫臏對田忌說：「下次賽馬，您儘管下大賭注，我保證一定會贏。」到了賽馬場，孫臏對田忌說：「今以君之下駟與彼上駟，取君上駟與彼中駟，取君中駟與彼下駟。」三場賽局，田忌二勝一負，贏得齊威王千金賭金。田忌於是順勢推薦孫臏給齊威王。齊威王與他談論兵法，非常傾服，隨即拜他為軍師。

　　齊威王三年，龐涓率魏軍攻打趙國邯鄲，趙國求救齊國。齊威王想派孫臏為將援趙，他推辭說是自己受過刑，不宜當主將。於是派田忌為主將，而孫臏當軍師。孫臏主張採取圍魏救趙策略而完勝，並且在桂陵大敗魏軍。

　　孫臏的見解是這樣：一團亂絲，不能亂扯，只能慢慢地解開；給人勸架，不能揮拳掄臂的加入群架，只能從旁勸解。如果我們避實就虛，形勢就會起變化，問題也就迎刃而解。現在魏國攻打趙國，精銳

部隊都殺出國外，留在國內的都是老弱殘兵，他們後方空虛。您不如領兵改奔襲魏國大後方，占領他們的交通要道，攻擊空虛地帶，如此一來，魏軍勢必要自趙國撤軍，趕回魏國挽救危機。這樣我們一舉兩得——為趙國解危，又叫魏軍疲於奔命。田忌深表贊同，魏軍不得已趕回自救。而田忌選在魏軍回國必經的半途桂陵一地攔擊，大敗魏軍。

桂陵一役後十三年，魏國聯合趙國攻韓國，韓向齊求援。齊王派田忌領軍就韓國，直撲大梁。魏國將軍龐涓得知，急忙撤軍回航，趕回魏國東境想阻絕齊軍。這時齊軍已經越過邊境，進入魏國腹地。孫臏告訴田忌：由於魏人剽悍，素來輕視齊人，認為齊人膽小。我們可以將計就計，因勢利導而利用他們輕視齊軍輕敵的自大心理，讓龐涓誤以為齊軍真的膽怯畏戰。於是安排在路途埋鍋造飯，第一天在營地埋十萬個爐灶，第二天埋了五萬個爐灶，第三天只埋三萬個爐灶的欺敵戰術。

龐涓追趕齊軍一連三天，觀察齊軍營的的變化，果然被誤導以為齊軍怯戰而逃兵日多，現在人數越來越少，於是他放下步兵，只率領一支輕騎兵，日夜兼程的追趕齊軍。而齊軍以逸待勞，孫臏估計判斷在天黑時刻，魏軍會趕到馬陵。馬陵這地方道路狹窄，兩旁地勢多險要，可以埋伏重兵，布下天羅地網。

孫臏先是派人在路旁找了一棵大樹，削去樹皮後，再在樹身空白處寫著「龐涓死於此樹之下」幾個大字。接著，調集上萬名善射士兵，埋伏於道路兩旁，下令約定：「天黑後，看見有人舉起火把時，就一起放箭。」

天黑時分，龐涓果然趕到進入馬陵道上，見到樹上好像有字跡，叫人點起火把照亮看個究竟。樹上的字還沒看完，埋伏的弓箭手萬箭齊發，魏軍上下大亂。

　　龐涓身受重傷，自知大勢已去，拔劍自殺。臨死前，恨恨地說：
「今天可成就了你這小子的威名」。齊軍乘勝追擊，大破魏軍，並且俘
虜魏國太子申，勝利回國。從此孫臏名揚天下。

　　龐涓對齊國人有刻板印象，以為齊民「怯於眾鬥」。其實齊國人並
非膽怯，龐涓知其一，不知其二。齊人向來貪利好勇，喜歡聚賭，強
盜搶劫以及暴力犯罪時有所聞，民風勇猛而有謀。孫臏無辜被害，身
雖殘廢而心智益為堅定，作戰順勢而為，終於一洗當年清白。

第七

——

軍爭 篇

原文

孫子曰：凡用兵之法，將受命於君，合軍聚眾，交和而舍，莫難於軍爭。軍爭之難者，以迂為直，以患為利。故迂其途，而誘之以利，後人發，先人至，此知迂直之計者也。

故軍爭為利，軍爭為危。舉軍而爭利，則不及；委軍而爭利，則輜重捐。是故卷甲而趨，日夜不處，倍道兼行，百里而爭利，則擒三將軍；勁者先，疲者後，其法十一而至；五十里而爭利，則蹶上將軍，其法半至；三十里而爭利，則三分之二至。是故軍無輜重則亡，無糧食則亡，無委積則亡。

故不知諸侯之謀者，不能豫交；不知山林、險阻、沮澤之形者，不能行軍；不用鄉導者，不能得地利。故兵以詐立，以利動，以分合為變者也。故其疾如風，其徐如林，侵掠如火，不動如山，難知如陰，動如雷震。掠鄉分眾，廓地分利，懸權而動。先知迂直之計者勝，此軍爭之法也。

《軍政》曰：「言不相聞，故為金鼓；視不相見，故為旌旗。」夫金鼓旌旗者，所以一人之耳目也；人既專一，則勇者不得獨進，怯者不得獨退，此用眾之法也。故夜戰多火鼓，晝戰多旌旗，所以變人之耳目也。

故三軍可奪氣，將軍可奪心。是故朝氣銳，晝氣惰，暮氣歸。故善用兵者，避其銳氣，擊其惰歸，此治氣者也。以治待亂，以靜待譁，此治心者也。以近待遠，以佚待勞，以飽待飢，此治力者也。無邀正正之旗，無擊堂堂之陳，此治變者也。

故用兵之法：高陵勿向，背丘勿逆，佯北勿從，銳卒勿攻，餌兵勿食，歸師勿遏，圍師必闕，窮寇勿迫，此用兵之法也。

白話文

爭取先機，有利也有弊

孫子說：用兵的法則是將領接受國君的軍事任務，從動員民眾、組訓軍隊，到出征對峙的過程中，最難的地方，莫過於軍爭——爭取有利的時空先機與作戰優勢。軍爭最難的部分，在於化迂遠為近直、化不利為有利。因此，行動採迂迴繞道，用利誘惑；這樣做，雖然比人晚出發，卻可以搶先到達目的地，這就是懂得化迂為直、化不利為有利的方法。

爭取先機，有得利一面，就有危險一面。如果全軍出動，帶著全部重裝備去爭利，就不能及時趕到戰地；如果派出精銳部隊爭利，就要捨棄笨重的裝備。

所以，如果不背負重裝備，改穿輕便急行軍，日夜不停兼程追趕，奔走百里去爭利，那麼三軍主將都有可能被俘；如果勁旅部隊搶先跑在前面，疲弱士兵落伍脫隊，後果只有十分之一的兵力能趕到戰場。如果奔行五十里路去爭利，先鋒部隊主將可能會有危險，結果也只有半數兵力趕到戰場。如果奔襲三十里路去爭利，只有三分之二的兵力趕到。因此，軍隊沒有輜重武裝就難以生存，沒有糧食難以維生，沒有物資儲備就會敗亡。

爭取先機的原則

不瞭解各國的企圖，不能與之結交；不熟悉山林、險阻、沼澤等地形，不能行軍；不用嚮導帶路，不能得地利。用兵打仗以詐立威，對國家有利才可行動；兵力集中或分散使用，要視實際狀況而靈活變化運用。

這樣，軍隊行動時，快速如疾風驟至；駐軍時，舒緩如森林般嚴

整;攻擊時,像烈火般嚇人;防守時,如山岳般穩重;掩蔽時,像烏雲遮天難知;攻擊時,如雷霆萬鈞猛烈。擄掠敵國資源,要分利給部屬;擴大領地時,要分功給將領,都需權衡利害得失,再俟機行動。先懂得以迂為直策略的人,才能取勝,這就是軍爭的原則。

指揮通訊的重要性

《軍政》說:「用言語指揮會聽不清楚,所以設置金鼓來傳達命令;用手勢指揮會看不清楚,所以設置旌旗來指示事項。」金鼓、旌旗都是用來統一軍隊行動的視聽工具。軍事行動統一後,勇敢的士兵就不會擅自前進,膽小的士兵也不敢單獨後退。這就是指揮大部隊的作戰方法。所以,夜間作戰多使用火光和鼓聲;白天作戰多使用旗幟,這都是要士兵適應指揮的視聽能力。

掌握軍隊士氣、心理、戰力、應變的方法

吾人可以打擊對方的士氣,可以動搖敵軍將領的決心。軍隊初戰的時候往往士氣如虹,再戰的時候士氣逐漸懈怠,戰到最後士氣就疲倦不振(一鼓作氣,再而衰,三而竭)。所以,高明的將領總會避開敵人的銳氣,攻擊敵人的惰氣、歸氣(趁對手士氣衰敗時發動攻擊),這是掌握軍隊士氣變化而制勝的方法。以嚴整的部隊對付敵人混亂的隊伍;以沉著冷靜的部隊對付浮躁騷動的隊伍,這是掌握軍隊心理變化而制勝的方法。我軍先臨近戰場,以對付長途跋涉的敵軍;我軍從容安逸,對付奔波勞頓的敵軍;我軍糧食充足,對付缺糧飢餓的敵軍,這是掌握軍隊戰力的方法。不要攔截旗幟整齊的隊伍,不要攻擊軍容壯盛的隊伍,這是以權變對付敵人的方法。

用兵的八種忌諱

　　用兵的法則是敵人已占據高地，不要直接正面仰攻；敵人背靠丘陵，不要逆向迎擊；敵人假裝敗退，不要跟進追擊；敵人部隊精銳，不要強行攻打；敵人設計小部隊引誘，不要受騙上鉤；敵人撤兵歸國，不要半途攔截；敵人被我包圍，應該網開一面，留個缺口；敵人陷入絕境，不要逼迫太甚。以上都是用兵的法則。

要義

有所爭有所不爭

二○○一年發生九一一恐怖攻擊事件，布希總統善因應，走出恐攻陰霾氛圍，其聲望如日中天；而紐約市長朱利安尼更因親臨現場處置得宜，因禍得福，贏得「世界市長」的美譽，成為當年《時代周刊》的年度風雲人物，他們爭取有利時機，都深諳「以患為利」道理。

有的主管會因為轄內發生重大刑案而氣急敗壞，大發脾氣亂罵部屬；有些長者卻把吃苦看成吃補，越破案線索越多而擴大破案成果，越破實力越壯大，這就是深諳危機處理箇中三昧的高手。

某局發生員警集體包庇電玩弊案，使該局陷於信任危機中，但局長爭取第一時間，發揮一夜精神，立刻查明真相，迅速發布懲處，不惜壯士斷腕，就地正法二大過免職立威，頃刻間化危機為轉機，降低機關形象受傷害，而重振警譽。這不能不說是深諳「以患為利」的策略。

二○○三年花蓮縣長補選，警方為查察賄選，於各山地部落要衝實施二十四小時路檢。記者為了驗證「警方路檢查賄，根本守不住」，特於凌晨找當地原住民當嚮導帶領，抄小路繞過崗哨，避開警察路檢，很快來到原住民部落。由外地進入山地，循著大馬路走，感覺很近，事實很遠；如果有嚮導帶路，則感覺很遠，卻很快到達目的地。這次花蓮縣長補選，原住民支持對象是誰，外人並不清楚，但熟悉內情的嚮導說：原住民住家門口綁上候選人宣傳旗幟，代表支持該候選人。如果只是掛旗，則是各黨候選陣營主動掛上，不代表該戶支持這位候選人。這說明了唯有善用地方嚮導，才能諳地形，得地利，知內幕。

　　據文獻記載，成吉思汗攻城前三天，必先要求敵人立刻投降，並宣稱如果一天不降，攻城後殺敵三分之一；二天仍不投降，殺敵三分之二。過了三天仍拒不降，將屠城而僅留婦女與工匠。破城後，擄獲的金銀珠寶、美女等戰利享受，成吉思汗只取一瓢，其餘都分賞將士。入城二大內，允許軍隊燒殺掠奪，以顯示蒙古人殘暴個性，令民眾畏懼，不敢反抗。蒙古軍隊在攻城前二天，故意不讓士兵進食，希望軍隊征戰時能有如餓虎撲羊的戰鬥力，奪得戰利品後則與士兵共享。因此，所帶之兵，個個驍勇善戰，攻無不克，所向披靡。「掠鄉分眾，廓地分利。」成吉思汗真是孫子的信徒。

　　吳起帶兵打仗時，有名士兵勇壯，擅自前往敵營奮勇殺敵二人，並帶回首級。吳起聞之大怒，認為這名士兵未奉命行事，犯了軍中大忌，下令將這名士兵斬首。眾人皆說士兵奮勇殺敵，功在沙場，罪不應死，多為之說項，但吳起認為軍紀必須維持，不為所動，將這名士兵處決。這就是紀律的具體表現，也展現團隊作戰的決心與毅力。

　　總之，「軍爭」不是無所不爭；決定爭或不爭，有其支持條件：

一、具有先知情資作為，情報正確，才可以爭利。

二、具有充足戰備的存糧、堪用的武器、裝備，才可以爭利。

三、有當地嚮導指引帶路，否則不能得地利，無法爭利。

四、知道因人、因時、因地制宜而臨機應變，方可以爭利。

五、通訊設備齊全，暢通無礙，指揮有紀律，方可以爭利。

六、利有所不爭，有所不爭。

故事

【故事一】交通大學、歌手鄉廣美如何「以患為利」

二〇〇〇年三月網路流傳「交大無帥哥」，交通大學受此惡意攻擊後並未強烈反擊，反而柔性舉辦一場「交大帥哥、美女選拔」大賽，結果選出令人稱羨的帥哥、美女，媒體不吝大幅讚揚報導，令外界印象深刻，這是「以患為利」，借力使力，無形中大大地提昇校譽。

有危機感又有敏感度的人有福。

一九八八年日本著名歌手鄉廣美與出版界名人見城徹飲酒，她忍不住吐露心聲，說：「我八成是要離婚了。」見城徹說服她把自己的心路歷程寫成書，並建議選擇在離婚消息曝光的當天上市。鄉廣美成竹在胸，要求印書量五十萬本，出版公司同仁聽了都嚇壞了。

後來，事實證明見澄徹的先見、鄉廣美的堅持完全正確。因為透過媒體的大幅報導，歌迷強烈的關注度形成一波波的熱門話題，瞬間變成暢銷熱門書，滾燙的熱門書竟然大賣一百萬本。

【故事二】全球首富「以患為利」，大賣特斯拉哨子

全球首富——特斯拉創辦人兼執行長馬斯克（Elon Musk, 1971-），於二〇二一年十二月一日在推特發文，介紹自家新推出一款模仿外型充滿未來感與金屬感的電動皮卡車（Cybertruck）的銀色口哨「Cyberwhistle」，並引用吹哨（意指告發、揭發弊案）典故，絲毫不怕被外界爆料，毫不迴避地開大門、走大路，大膽開了自己的玩笑，歡迎「大家都來吹特斯拉的哨子」。

「Cybertruck」的材質採用拋光處理的醫用級不鏽鋼製成，定價高達五十美元。它在馬斯克發文後的一小時內就立刻秒殺完售，瞬間缺貨。

馬斯克隨後更追加推文，讓蘋果公司躺著也中槍，「別把你的錢浪費在愚蠢的蘋果擦拭布上，改買Cyberwhistle」。而蘋果先前推出擦拭布，售價達十九美元也是瞬間缺貨。世界首富推文「以患為利」的功力，果然非同凡響，引發了網友熱烈回應。

外界有人認為，這項產品或許是特斯拉在回應近年來員工有人「吹哨」，包括最近一起是三十八歲女員工，稱自己在特斯拉的加州佛里蒙特廠所面臨「夢魘般」的性騷擾。「大家來吹特斯拉的哨子」是不是世界首富轉移目標的策略，不得而知，但是我們知道他的思維完全符合孫子「先知迂直之計者勝」的軍爭法則。他後發先至「因敵制勝」，因敵變化而積極回應態度，讓新推出產品大賣特賣。

【故事三】宋玉「以患為利」，輕易化解好色問題

清朝王爾烈說道：「天下文章數三江，三江文章數吾鄉，吾鄉文章數吾弟，吾為吾弟改文章。」三江指浙江、江西、江蘇。

有天登徒子向楚襄王告狀：「宋玉是個好色之徒，建議以後不要再讓他出入後宮。」宋玉是戰國時期辭賦作家。楚襄王質問宋玉，宋玉說：「至於好色，臣無有也。……天下之佳人莫若楚國，楚國之麗者莫若臣里，臣里之美者莫若臣東家之子。東家之子，增之一分則太長，減之一分則太短；著粉則太白，施朱則太赤；眉如翠羽，肌如白雪；腰如束素，齒如含貝；嫣然一笑，惑陽城，迷下蔡。然此女登牆窺臣三年，至今未許也。」

宋玉迂迴舉例而斷然否認自己好色，他不怯戰，反擊了登徒子才真正是好色之徒。為什麼呢？因為登徒子娶了一個奇醜無比的妻子，人人看了無不覺得噁心，而登徒子卻樂在其中，還一連生五個孩子，這樣說來，到底誰才是好色之徒？

王爾烈、宋玉自誇或辯解，深諳「以迂為直，以患為利」之用。

【故事四】分局長「以患為利」，重用特考班出身警察

過去有少數分局長對於特考班學員分發到任者，略有排斥，認為他們大學畢業學歷高、年紀偏大，社會化也很深，服從性又比較專科畢業生為低，因而多有另類想法。

如何用人，大有學問。臺灣南部有位分局長深謀遠慮，深諳「以迂為直，以患為利」之道，不但不排斥，反而用其長處，避其短處。他別出心裁，以特考班同學的特點當特色而大做文章。分局長在他們分發報到的時候熱情召見，不斷給予鼓舞士氣；同時，放出風聲，多方獎飾新進特考班員警執法正直，聲言他們絕對不會接受任何關說。

有智慧的分局長打了預防針，反制那些愛關說的地方民意代表。

從此，分局各級民意代表的關說風氣，竟為之絕跡。

【故事五】如何處理「力拔山河」重大意外事件？

為了慶祝重陽節，臺北市政府在二〇一七年十月二十八日舉辦長青健行登山活動。不過卻因現場發放摸彩券與動線規劃不佳，造成長者搶成一團，最後有十多位長者受傷。這則新聞令人想起多年前臺北市萬人拔河意外事件。

一九九七年十月二十五日下午二時，臺北市政府在基隆河河濱公園，舉辦「力拔山河：臺北秋天萬人角力」活動。

「力拔山河」四個字讓人想起西楚霸王項羽，在垓下面對韓信設計「四面楚歌」的包圍攻心戰，得知大勢已去。項羽找來最心愛的虞姬與她道別，生離死別的悽愴，項羽流下了英雄淚而唱出：「力拔山兮氣蓋世，時不利兮騅不逝，騅不逝兮可奈何？虞兮虞兮奈若何？」項羽雖有力拔山河的氣勢，但是最後悲劇發生，自刎烏江。

當時實際參加市政府舉辦的「力拔山河」人數約一千六百人。號

稱萬人拔河比賽時，繩索忽然瞬間斷裂，造成四十四人輕重傷，更活生生拉斷了兩位民眾的手臂，畫面鮮血淋淋，但聞一片哀嚎之聲。當天下午四時四十五分，市政府新聞處在馬偕醫院首開記者會。市長陳水扁九十度鞠躬，向傷者及家屬表示最深歉意，強調市府會負起最後、全部及行政等全部責任。當天晚上八點新聞處長羅文嘉召開第二次記者會，宣布辭職，表示為「力拔山河」意外事件負責。有效率的善後舉措，當日旋即宣布辭職，反而贏得民眾的支持。

意外發生前後不到七個小時，市長公開道歉、新聞處長請辭下臺，市政府除承諾會網羅最好的醫師群，給傷者最好的照護，也要求所屬幹部要將慰問金在當晚發放到家屬手上。其間一度爆發市政府犯了未投保意外險的嚴重疏失，但市政府隨即公開承諾會支付比保險公司更高的理賠金額作為補償。

市長對於發生此危機事件的處置，沒有否認，沒有卸責，或採哀兵策略，而直接面對事實。歸納市政府有效對策，包括：下令全力救人第一、停止其他不必要活動、向群眾道歉、分別親赴醫院探視傷者，並兩度召開記者會，批准新聞局長羅文嘉辭職案。

發生意外第二天早上，市長再度赴馬偕醫院，向家屬致歉；同時主動表示即使有刑事責任，市政府也絕不會迴避責任，以及理賠金額等等作為，都讓人感動。市政府一連串的危機處理得宜，彰顯了不迴避意外事件的法律責任問題，傷者家屬除了向市長哭訴求助外，居然沒有人批罵市長。

發生意外事件後一個多月期間，衛生局長幾乎天天到醫院探視傷患，並責成各市立醫院副院長每日輪流前往探視。市長在政務與助選繁忙的行程中，仍前往醫院探視十五次以上，在在讓傷患及家屬感受到市政府很有誠意。

市長懂得控制危機可能延燒的火勢，要在第一時間，也就是危機

處理的黃金時間，立刻捻熄火苗，不讓小意外發酵而釀成大災難。

當是時有保廠商險，並沒有保意外險。後來臺北市政府研考會亡羊補牢，訂定一個名稱很長的新規定，意思是說：以後各單位辦理大型活動，都要事先報經研考會審查通過，市政府同意後方可舉辦。同時，也要求辦理之前還要拿到保單，才能進行準備工作。其他還有公家單位在戶外舉辦活動，都要申請雜項執照，才可以施工。此一意外事件發生後，其他各縣市政府都體會到主辦大型活動都要為參加者投保意外險，萬一發生意外才有所保障，以免日後衍生理賠糾紛。

臺北市政府自此開啟了各地政府的風險意識。以後，搭建大舞臺，也都會找建築師來簽證，當背書。

危機爆發後關鍵七天很重要，每天都要有所作為。更重要的是即時善後。當時市政府成立了服務小組，有人被送馬偕醫院，立即有專人去服務，凡是傷患者開口了，全部都答應，要錢給錢，立刻發給慰問金。其實，發生當時正在假日，銀行郵局都關門，要領錢談何容易。

正如美國紐約市長朱尼安尼，深知在危機關鍵時刻，正是善用媒體行銷自己的大好良機，又可以度過「黑天鵝」危機的追殺。其中最重要的是要安撫人心，要一直陪伴著傷患；記得當天是假日，他們每個人都去提款機提款，市政府立刻送給他們慰問金，在第一時間，穩定了人心。

紛亂動盪之間，穩定人心，至要。面對「力拔山河」突發重大意外事件，臺北市政府能化危機為轉機，實在得力於市長在第一時間動員市政府上下幹部都做對的事，而且做到位，收服了民心，尤其讓被害人家屬深受感動，堪稱危機處理的典範。

美國西點軍校領導力中心創辦人柯帝茲（Thomas Kolditz）指出危機領導四部曲，安度危機的四大步驟：一、保持冷靜，展現自信；全

神貫注，執行任務。二、決策時保持防衛性悲觀的態度——同時準備最可行方案與最壞狀況時的備援方案。三、決策時需要有人扮演黑烏鴉示警。四、向前看的態度，要找出未來新方向。這些觀點完全吻合《孫子兵法》「以治待亂，以靜待嘩，此治心者也」的危機處理心法。

【故事六】全拓公司力行豐田式「看板」的「目視管理」

一九七三年，以、阿戰爭引爆第一次石油危機，油價飆漲四倍，更導致為期兩年通膨，消費者物價指數上揚三倍而造成一九七四與一九七五年全球經濟陷入衰退。日本豐田汽車工業反而將危機化為契機，進行改革。其中豐田式管理的「看板」管理，迄今受到全球推崇。

日本豐田汽車副總裁大野耐一結合了豐田集團即時管理（Just in Time）與看板（Kanban）兩大管理系統，發展成一套企業經營理念，能有效降低企業生產成本、提高生產效率，且逐步改善產品的生產品質，是為豐田式管理。

事實上，「看板」形式並不固定，有時是裝在塑膠袋一張紙，有時是用粉筆標記的黑板，有時是燈號，有時甚至是輸送帶、台車。以生產指示卡為例，拿到這張卡的人會奔向零件製造廠房，馬上完成卡片交代事項。透過看板、指示燈、顏色標誌等明確指示，配合生產管理需要，操作和管理人員一進現場，見了訂單，便能知道流水線，迅速投入生產作業。如此使得生產過程變成一連串自發自動作業，這種看板、燈號指揮行事，可說屬於統一號誌的「目視管理」。

彰化縣從事製作汽車油封的全拓員工，每天提早十分鐘上班，董事長吳崇讓會陪著大家做早操，一方面為了員工健康著想，另一方面也可以就地點名。他們員工看燈行事，亮了紅燈，立即以對講機呼叫，維修車形同警察快打部隊，立即奔赴現場處理轉正、切割、檢

測、修正。他們產品的不良率百萬分之十二，正朝向零不良率邁進。由於生產線上員工被賦予「自主管理」任務，所以只要發現產品品質或機械與「看板」所記載的內容有異時，任何人當下都可以立即決定停機、排除故障，以避免生產出瑕疵品、造成成本的浪費。

全拓吳董事長親自深蹲洗刷廁所馬桶，帶動員工自主管理。他設置預支現金登記簿，個人視需要金額填寫紀錄後自取現金而去，無論公事私事需要多少現金，都彼此信任而自行管理。而廠房乾乾淨淨，成品排列整齊明亮，由上而下俯視全場，宛如藝術作品。

全拓公司選擇信用好的客戶，毛利百分之三十四點六，直追台積電百分之五十。他們用人重視自己培養幹部人才，不會從外部挖角，或空降主管。全拓從體制內尋找認同公司文化的員工，並栽培他們，如此能讓員工更有向心力，也能讓員工徹底瞭解企業文化與精隨，因此人事流動率為零。很多員工在職很長久，他們子弟大學畢了業找工作，都在全拓排隊待命。員工們相當團結，都會以身為公司一員為榮，願意無私的團隊合作，以企業成敗為己任。

「金鼓、旌旗者，所以一人之耳目也。」看板、燈號代表的意義，就是「金鼓、旌旗」的指揮調度而接單生產、零庫存，全拓員工線上無聲無息、自動自發，幾已臻至「群龍無首」的管理境界。

【故事七】誘之以利，挖角無往不利

警察資通專家被挖腳，頭也不回地離開警職，可以理解。經濟學家經常提醒我們：人是理性又自利的動物。

梁孟松先生於一九九二年進入台積電，創造了數百項專利，擔任臺積電資深研發處長。二〇〇九年他轉往清華大學電機系任教，一學期後又轉往韓國知名的成均館大學教書。梁孟松上課一年後被三星集團挖腳聘為研發副總經理，之後他帶走台積電二十餘名工程師，投奔

敵營三星公司。他協助三星突破瓶頸，放棄20奈米研發，竟直接從28奈米跨越三代而直接升級14奈米，讓14奈米量產時程更早於台積電。梁孟松此舉，逼得台積電提出控告他涉嫌洩漏商業秘密。

梁孟松後來又投靠號稱中國大陸「台積電」的中蕊國際公司，立即突破中蕊國際公司長年陷入困境的14奈米製程。他被網友戲稱是半導體界唯利是圖的「呂布」。其實，業界競爭無所不用其極，只要開出讓當事人難以抗拒的誘人條件，薪資比現職待遇高出數倍的代價；如果再加以更優渥的買屋相送等安家費，威力所向披靡。鴻海集團董事長郭台銘擅長此道，誘之以厚利，挖角日本豐田戴豐樹無往不利。

第八

———

九變 篇

原文

孫子曰：凡用兵之法，將受命於君，合軍聚眾，圮地無舍，衢地交合，絕地無留，圍地則謀，死地則戰。塗有所不由，軍有所不擊，城有所不攻，地有所不爭，君命有所不受。故將通於九變之地利者，知用兵矣；將不通於九變之利者，雖知地形，不能得地之利矣。治兵不知九變之術，雖知五利，不能得人之用矣。

是故智者之慮，必雜於利害，雜於利而務可信也，雜於害而患可解也。

是故屈諸侯者以害，役諸侯者以業，趨諸侯者以利。

故用兵之法：無恃其不來，恃吾有以待也；無恃其不攻，恃吾有所不可攻也。

故將有五危：必死，可殺也；必生，可虜也；忿速，可侮也；廉潔，可辱也；愛民，可煩也。凡此五者，將之過也，用兵之災也。覆軍殺將，必以五危，不可不察也。

白話文

五種地形、四樣變通之術

孫子說：大凡用兵的法則，將領接受國君交付任務後，動員民眾，組訓軍隊出征。遇到難行的圮地，不可駐紮；處在暢通的衢地，要結交鄰國；路過險惡的絕地，不可久留；身在狹隘的圍地，要想盡辦法突圍；陷入沒有退路的死地，要決一死戰。有的道路不一定要經過，有的敵軍不一定要出擊，有的城堡不一定要攻打，有的地利不一定要爭奪；甚至國君的命令有的可以不接受。這樣，將領通曉「九變」的好處，就懂得用兵的要領。

將領不通曉「九變」的好處，即使瞭解地形，也無法得到地利。指揮作戰不懂「九變」的運用，即使瞭解以上五種地利，也無法發揮最強的戰鬥力。

凡事都要利害兩端同時思考

因而，有智慧的人做任何事、思考問題時，一定會兼顧利益與危害兩方面。在不利中看得到未來利益，就可以順利進行而達成任務；在有利中看得到不利的因素，就能事先化解危機，逢凶化吉。

如何調動對手

所以，要讓諸侯聽命服從，必先知道其要害，威脅他屈服；要驅使諸侯窮於應付，必須讓他做自己想做的事；要調動諸侯使他聽話，須先知道他的喜好，以利誘惑，讓他疲於奔命。

嚴陣以待，有備無患

因此，用兵的法則是不要指望敵人不會來襲擊，而要靠自己有充分的準備，嚴陣以待；不要寄望敵人不會來進攻，而要靠自己擁有敵人不敢來攻打的實力。

將領領導上致命的弱點

　　將領如有五種致命的偏差性格，就很危險：只知死拚而有勇無謀的，會被誘殺；貪生怕死而猶豫不決的，會被俘虜；脾氣急躁而容易動怒的，會受欺侮；愛惜名譽而不沾鍋的，會受誣衊；只知愛民而姑息求全的，會被煩擾。

　　以上五項人格弱點，是將領過於執著，不知權變的缺陷，也是用兵的災難。軍隊被滅，將領被害，一定都是犯了上列五種性格偏差所致，吾人不能不謹慎警惕，看清這些道理。

唯一不變的就是變

面對風險社會的競爭趨勢，天天都是變動不居的環境，如果沒有很強的抗壓力、心臟夠強大，以及知變、應變能力，將很難生存。

如何「知變」、「應變」？

第一，心態不能固執，做法不可一成不變。為了應變，必須鬆綁那種心存非我不可的我執，非要怎樣做不可的固執。

第二，有利於國家未來發展，才能考慮發動戰爭，如有損及國家利益，千萬不能輕舉妄動。

第三，指揮官不能臨渴掘井，因而平時就要把裝備、武器、糧食、油料、通訊等配套物資經常定期盤點、整備充分而保持堪用。

第四，指揮官要先自省，瞭解自己有無犯了偏差性格的缺陷，隨時要自我調整情緒，方可趨吉避凶而免於被害。

第五，不能以單向的線性思維來思考問題，必須打破舊有框架，朝多元、全方位思維，包含法制面、執行面，方可避免事後只會甩鍋說「當時我沒有想到」的卸責危險。

將在外指揮作戰，軍情瞬息萬變，打戰是打專業，不是在打誰的官大學問大，因此上級命令有時可以不接受。或許有人批評，這句話在過去講得通，現在科技通訊這麼發達，不能再說「君命有所不受」。視訊系統便利，千里之外都能看得到聽得到，豈可「君命有所不受」；但事實上，以實務經驗而言，「君命有所不受」擺在現在二十一世紀，還是適用的。譬如在臺北市政府警察局當分局長，市政府前廣場數百名群眾抗議，雖然透過視訊或載波可以傳達到警察局勤務指揮中心，局長或副局長在此坐鎮指揮，可以看到現場狀況，但是要不要舉牌警

告、制止、驅散、隔離、甚至是否要下令逮捕、上銬移送法辦，局長、副局長及科長等不可能坐在警察局總部遙控指揮分局長面對瞬息萬變的應變作為。因為坐在辦公室裡與現場有距離，有距離就無法感受現場那種騷動、叫囂的群眾氣氛與訴求，遠端的一方，實不宜越俎代庖，畢竟現場指揮官有自己的幕僚群幫忙獻策，他要一肩扛起在外執法的全部成敗責任，而非後方的各級長官。

例如當年中正一分局被包圍，「方神」為何拂袖而去？為何張分局長在教育部擔任第一線場指揮官，面對熱血沸騰陳情的抗議民眾，現場難免混亂。由於接受了上級長官的幕後指揮，分局長逮捕了某報記者現行犯、上銬，釀成輿論很大的反彈風波而黯然下臺。試問上級長官有無到現場？如果到達現場，要有沒有辦理指揮權移轉？如果沒有的話，分局長勢必要獨當一面依據刑事訴訟法第八十八條規定法定職權調度、指揮，立即排除可預見的危害、同步完整蒐證，以利後續法律偵審、追訴的依據；而且要負起最後的成敗責任。

警察治安情事瞬息變化，必須靈活調度才不會讓歹徒看透勤務的空隙。戰爭是國之大事，生死一線間，更須因地制宜。漢初三傑的韓信指揮背水一戰，成為史上的經典戰役，後人都想學習韓信用兵，複製他的成功案例，結果都以失敗收場，原因出在學「藝」不精，也就是說問題出在「不通九變之利」，「不知九變之術」。試問韓信百戰百勝，後人尊稱「兵仙」，他有複製自己的成功經驗嗎？

兼顧利害兩端：最好的努力，最壞的打算

公孫弘與主父偃二人，最得漢武帝重用。他們雖然老來從政，但在思考問題都有其獨到之處，例如公孫弘的報告，都是針對解決問題的利與害並陳，正反兼顧，提出可行的方案不只一個方法，再請漢武帝裁示。開會的時候，他都不會先發言，絕不輕易表態，說的話完全

符合漢武帝的心意。

　　而主父偃提出推恩政策，中央慷慨請客，卻由地方諸侯王買單，讓各諸侯王分地給自己的子弟們而間接削弱諸侯王實力，大得民心。同樣都是擁護中央想要削弱地方封國實力的政策，較之賈誼、晁錯只知採取「分」、「削」的強制性剛硬作法，主父偃的推恩政策則行之容易而有效。這個政策只有一個人心裡不滿意，卻不敢公開反對，這個受害人就是以前唯一的法定繼承人──嫡長子。主父偃實在深得「以迂為直」、「雜於利害」箇中三昧。

　　一位高明的將領考慮問題的解決方案，一定要摻雜利、害兩面，利與害兩面因素都要去觀察、思考。很多人遇事都只想到對自己有利的部分，而沒有想到事後會不會有不良後果。當我們遇到困難時，如果想到其中還隱藏看不見的有利一面，信心於是大增，就可以完成任務。他方面，在有利的環境當中，也要想到後來可能會有不利一面，這樣才可以防範未然，禍患就可以解決。所以凡事不要光從一方面看問題，務必要從多方面想問題。

　　惟有從好、壞二面一併考慮問題，既可達成任務，也可以避免禍患，正如臺灣有一句諺語：「未想贏，先想輸。」各行各業學危機處理，一定會聽到一句話「要做最好的努力，做最壞的打算」，想到最壞的情況是怎麼樣，先做好應變的準備，萬一真的碰到最壞的狀況，就不會心慌意亂，六神無主。

　　國家也有罩門。報載邱義仁說：我們當然要抱美國大腿，不抱美國要抱誰？如果美國不支持臺灣，臺灣就危險了。由此可見，國家也有其難以克服的天險要害。學校功課不作不行，公務員的公文時效不趕不行。人人都有荷馬史詩中的「阿基里斯的腳後跟」，也有聖經中萬夫莫敵參遜最怕的七條辮子。可見人人都是有害隨身，也有業在身，才會讓人有「役諸侯者以業」的空間。

高級將領最怕犯了五種個性偏差的高風險

一般官僚習於服從，接受權威或屈服於權貴，以致形成心態保守而缺乏想像力，不敢突破現狀；因此，容或可以成為優秀的幕僚，但不易成就為優秀的指揮官。一旦將領不知道機動變化而一意孤行，自己就有生命的危險。

一九九三年聯電董事長曹興誠錄取執行長的資格標準，就是引用孫子將有五德：「智、信、仁、勇、嚴」作為用人選才的參考點。但是孫子「雜於利害」，認為「將」要具備五德，也要注意五危：只顧自己生命安危，貪生怕死「必生」，就很容易被俘虜，這就違背了「智」德。性格偏急常生氣，「忿速」動不動就愛生氣罵人，唯我獨尊，就很容易被刺激，這就違反「信」德。平時姑息求全，動不動強調「愛民」如子的慈悲心腸而過於「愛民」的話，很容易讓你心神不寧，這又違反「仁」德。個性盲動、冒險、存「必死」之心，就違背了「勇」德。很多人愛名、愛惜羽毛潔身自愛，受不了一點污辱，像白紙滴一滴墨水污染就生氣，暴跳如雷；為人到處標榜「廉潔」不沾鍋，雖然自律嚴謹，這種長官遇到危機就迅即與部屬切割，劃清界線，這是違反「嚴」德。因此，「必死、必生、忿速、廉潔、愛民」是「智、信、仁、勇、嚴」的對立面，是領導人的偏差行為；換句話說，個性不要太偏執，心境要取得平衡，態度中和而不能太過與不及。

至聖孔子告誡我們：「毋意」(臆測)、「毋必」(偏執)、「毋固」(頑固)、「毋我」(主觀)，與孫子「必死、必生、忿速、廉潔、愛民」的嚴重後果是同樣意思。我們常說「非如何不可」、「我就是這樣子」，這樣的行事風格，在人際關係的互動中，往往就會失去彈性。一味強調自己的優點的人，個性、特色全都露，很容易暴露自己的罩門，有可能被人逆向操作，又犯了孫子「形人而我無形」的教訓。

「智者之慮，必雜於利害」是〈九變篇〉的核心概念，它教我們認

識一位成功將領的領導特質，除了專業知識與技能外，更要重視自己的情緒管理。「先處理心情，再處理事情」，一語道破現代人處世的盲點。

故事

【故事一】「我什麼都沒有看見，也沒有記住你的特徵。」

　　被「華岡之狼」加害的女孩，對強暴犯說：「我什麼都沒有看見，我有心臟病，我根本都沒有看到你的臉部，也沒有記住你的特徵。」她的說詞，保護了歹徒也保證了自己的安全。

　　如果：這個女孩羞憤之餘而撂下狠話，說：「我記住你的臉上的特徵」，那妳當下很可能就死定。因為妳把對方逼到絕路，他為了自保，不可能讓妳留下活口，萬一放過妳留下妳在司法警察體系指證，必然會害了他而被捕定罪。

　　陷入困境絕地，只能兩害相權取其輕。

【故事二】以患為利，形成慶城優質社區

　　臺北市慶城社區居民整日為工作打拚，鄰里間幾乎沒什麼互動。原本互不相干的鄰里關係，卻在一九九○年代因為台電在此違法興建變電所而產生轉變。

　　一九八六年底，台電開始在南京東路巷內築圍籬動工，卻沒有依規定張掛告示牌說明工程內容。居民詢問得到的答案是：蓋營業所。直到接近完工的一個晚上，搬運來龐大的機電設備，居民才恍然大悟，原來是變電所。

　　根據都市土地使用分區管制規則明定：屋內變電所應臨接寬度十公尺以上之道路，以防發生爆炸等意外時，附近居民能有應變逃生的緩衝。然而，屋內型「敦化變電所」用地，是事後由住宅區變更名目而來，臨接的道路為八公尺，距離周圍的住宅最近只有八十公分。而

它的電壓足足有十六萬多千伏特，是巨型發電量的變電所。

當初不知道該怎麼辦，尤其是變電所旁邊的住戶，只見大家個別地想辦法，直到有人建議必須聚集團體力量，「聲音」才會受重視……於是，開始有些人聚在一起商討對策。

他們分工合作，具有專業知識的整理書面資料，人脈廣的找民意代表、媒體，更多人利用下班時間硬著頭皮挨家挨戶地向鄰居說明、徵求支持，待整理出各方意見，再決定抗議方式。居民在動員的過程中，完全自動自發，即使有不同意見，也會在充分溝通後做出統一的對策，因為彼此之間，已產生出社區共同體的意識與默契，從此養成對住家環境公共事務關心的習慣。

一九八九年左右，慶城社區內突然暴增了十幾家違法行業，賓館、KTV、摸摸茶等，嚴重影響到居民的生活安寧。首先奮勇提出檢舉的居民，竟未能得到保密而遭受黑道威脅，大家決定換以「慶城社區聯誼會」名義繼續檢舉。經過鍥而不捨的舉發，色情場所最後全部消失殆盡。

一九九〇年十月某日，慶城公園旁一家小店老板，赫然在《大成報》發現一則小新聞：市政府預定在慶城公園內興建三處立體停車塔。消息一經傳開，立刻在居民間形成公共議題。一位居民憤憤地表示：「我們平常停車根本不成問題，自從特種行業侵入社區後才有巷道混亂的問題。」居民再次以「慶城社區聯誼會」為名，趁未動工之前，主動向臺北市政府陳情，終於使這項計畫取消。這次成功的經驗，帶給居民很大的信心。

臺北市政府住都局在一九九二年推動擴大商業區變更案，共收到兩百零六件陳情案，不是要求列入商業區，就是要求增加容積率，慶城社區是唯一反對接受被劃為商業區的案件。

一位女老師有感而發：「幾年來我們確保了住家環境少受破壞，而

且鄰居大家從不認識到認識，這實在是過去難以令人相信，住在都市中鄰居彼此這麼好的關係，還真是因為有抗爭事件的發動才達成。」

【故事三】學務長處理學生鬧事的智慧

有一名學生到大學鬧事，自稱是竹聯幫的，他要學校把學費退回給他。董事長叫校長處理，校長不敢出面。後來項學務長來了，質問他為什麼要退錢？他說沒來上課，當然要退費。

項學務長：「那沒有問題，可以退回學費，但是要寫下書面意見，而且由我口述方式記錄一下。」等這個學生簽名後，項學務長當場打110報案，檢舉他是竹聯幫分子，來學校恐嚇退回學費，於是學生乖乖地被移送法辦。

【故事四】栗姬性格嚴重偏差，禍由自取

英國哲學家羅素說過，人類有三種敵人，一是大自然侵害，如颱風、地震；二是他者危害，如政敵、美女、野獸；三是自我傷害，禍由自取。性格偏差的，易怒或自己生悶氣，又讓身邊人怨氣，實在得不償失。

春秋時期吳王的首席參謀伍子胥提出「對的建言」，對象卻是「不對的吳王夫差」，氣得他舉劍自殺。楚漢相爭中，七十餘歲高齡的范增，也是項羽的首席智囊，竟被劉邦陣營的陳平分化而讓項羽起了疑心，范增只試探性請辭，項羽居然當真而不予慰留，他深感委屈，覺得生氣有理，而活活把自己氣死在半道。

漢朝劉榮是漢景帝的嫡長子，已被立為太子，成為漢景帝的法定繼承人、正統接班人，前途本來一片大好。但是，由於他的母親栗姬自我感覺良好，刻意傷人，導致母子以悲劇收場，真是咎由自取。

之前長公主——景帝的姐姐劉嫖，很想搭上順風車，把女兒嫁給劉榮，與栗姬結為親家。沒想到栗姬斷然拒絕，很不給長公主面子。

栗姬生性妒意很重，看到景帝身邊有不少年輕貌美女子，都是透過長公主的媒介，更可恨的是這些美女都深受寵愛；相對的，漢景帝對栗姬則漸行漸遠。栗姬自然對長公主心生不滿。

長公主劉嫖不是省油的燈，既然無法與太子結為親家，就轉向王夫人的兒子身上動腦筋。沒想到王夫人很爽快地一口答應這門親事。

長公主為了報一箭之仇，開始在她弟弟（景帝）身上下功夫；只要兩人有獨處機會，就數說栗姬的不是。有次她對漢景帝說：「你常寵愛貴妃而疏遠栗姬，栗姬心中非常怨恨，縱容身邊的侍者在背後詛咒、唾罵你，居然還施展一些邪門歪道。」漢景帝從此對栗姬更心懷不滿，只是尚未發作。

不久，景帝身體不適，心情也不好，想把兒子託付給栗姬，拜託她多照顧：「我百年之後，請妳好好照顧他們。」未料栗姬不爽居然不領情，偏偏不肯答應，出言不遜。漢景帝非常憤怒，但還是強忍著怒氣，而懷恨在心，只是現場並未發作而已。

長公主與王夫人等待時機，準備聯手對付栗姬。這時王夫人知道漢景帝對栗姬已十分不滿，不安好心的故意設陷阱，慫恿大臣請立栗姬為皇后。

有一天，主管禮儀的「大行」在奏事完畢之後，不假思索向漢景帝報告：「俗話說：『子隨母貴，母隨子貴。』現在劉榮當太子，而他的母親還沒有一個封號，因此應該立栗姬為皇后。」漢景帝聽了滿肚子火氣得責罵：「這是你該說的話嗎？」一怒之下，依法治罪，處死大行。同時，太子劉榮因此被廢，貶為臨江王。太子好無辜。

從此，栗姬更加討厭漢景帝，怒氣也越來越大，四處怨人長短。從此，她再也見不到皇帝，更沒有機會為自己辯白，不久憂憤而死。

栗姬的兒子劉榮是漢景帝的長子，依照王室宗法是法定接班人，未來前途光明，情勢一片大好。太子劉榮沒有犯錯，錯在母親栗姬闖下大禍而不自知，竟連累兒子，太子大位才被廢掉。

綜觀栗姬之死因，先是失人和，又鬧孩子意氣，使得內憂、外患齊來，都是栗姬自己造成。她內無知己、諍友，變成孤立無援。栗姬外無好友、聯盟，接二連三被奪愛、奪權。最後連老公也不愛，反而起了厭惡之心。自己又鬧脾氣，自然惹得皇上厭煩。栗姬上下失和，本有大好局面，卻一玩再玩而大輸，自毀長城。宮中左右連橫夾攻奪權；有心人一推一拉，栗姬母子毫無危機意識，終於徹底崩垮。

栗姬惹禍上身。她竟犯了英國哲學家羅素說的二種敵人：他者危害、自我傷害。禍由自取，無人可救。

【故事五】聯邦調查局長奉行「君命有所不受」

君命不受，要看狀況。美國總統川普芒刺在背的通俄門案，司法調查程序已經告一段落。受命調查真相的特別檢察官穆勒，頓時成為媒體的焦點。

二〇〇一年穆勒擔任美國聯邦調查局局長，任職期間發生九一一恐怖攻擊事件。中央情報局與聯邦調查局的橫向聯繫及情資分享問題，飽受各方抨擊。他因而啟動「君命有所不受」的轉型，強化與其他情治單位的聯繫合作。

二〇〇四年小布希總統有意延長國安局秘密監聽國內民眾的計劃，穆勒不以為然，不肯通融，竟然賭上烏紗帽，硬是擋下總統的非法企圖，堅持反對非法監聽再起爐灶。

【故事六】張耳機會教育陳餘要忍耐小辱

秦末漢初人物張耳與陳餘都是魏國大梁人。

張耳年輕時，在信陵君底下為賓客。他為了逃避刑責而隱姓埋名，逃到魏國外黃縣。縣裡有個美女嫁給粗工，生活不快樂，後來負氣離家出走，找上她父親過去的門客而請求收留。那人早已風聞張耳的大名，告訴她若要再婚就找張耳。於是她回家請父親友人幫助斷絕婚姻關係，毅然改嫁張耳。

張耳娶了富家女兒，挾著豐厚可觀的陪嫁錢財而成為當地富翁；他廣結善緣，公關能力一流，在魏國做到外黃縣令。當時，劉邦還只是無名小卒，常去張耳家作客，有時一住就是數月。

而陳餘雅好儒術，多次遊歷趙國苦陘縣，縣內有一位富翁公乘氏知道陳餘非泛泛之輩，就把女兒嫁給他。陳餘比張耳年輕不少，常以父執輩敬重張耳，從此兩人成為生死之交。

秦國鯨吞蠶食六國，引水淹滅了魏國，聽說張耳、陳餘是魏國名人，懸賞千金捉拿張耳，以五百金捉拿陳餘。兩人被通緝，一片風聲鶴唳，只好改名換姓逃到陳縣當鄰里的守門人，混口飯吃。

有一天，兩人在里門看守，相對無言；此時里長走過來故意找碴鞭打陳餘。陳餘不服氣，站起來作勢要反抗。張耳立刻悄悄地踩住他的腳，暗示他要忍耐一下。等里長走開後，張耳帶陳餘到一棵桑樹下責備他：當年我是怎麼教你的？現在只受到一點點屈辱，你就要跟里長拚命，值得嗎？陳餘聽了，只有點頭稱是。

陳餘看到的是當前一時的屈辱，張耳想到的是未來的前程。唯有忍下一時的憤怒，不要被情緒綁架，火山口不會爆發，才有美好未來可言。可惜，後來陳餘雖當大將軍，易怒的性格始終不變，最後被時代輾壓而亡。

【故事七】女警執行勤務被人刻意激怒

動不動「忿速」而容易生氣，也就很容易被人設局，故意激怒，輕易上了當，就後悔莫及。

臺北市中正一分局仁愛路派出所周姓女警，一時失言，氣得脫口說出自己的上級是「中華人民共和國」。分局明快懲處周警員記過一次，並調離原單位，所長申誡兩次，分局長自請處分。

周警員時年卅八歲，任警職前曾從事人力仲介工作，二〇〇八年二月特考班結業，派到仁愛路派出所，從事警察工作僅八個月。

周警員於景福門周圍驅趕攤商時，與攤販發生口角，她脫口說出自己的上級是「中華人民共和國」，隨即引起周圍民眾不滿，周警員發現說錯話了，當場馬上向民眾道歉，但仍止不住現場情緒，周警員遂由同事帶離現場。

事後警政署長與局長都向全國民眾表達遺憾和道歉，署長甚至重話表示：該名女警的言論「至為不當」。

周警員隨後透過分局對外表示，當時很多群眾追問她的老闆到底是誰，她想表達的是「中華民國的人民」，不過在不斷被民眾言語譏諷的情況下，她一時情緒激動，才會口誤說成「中華人民共和國」，她十分後悔，也非常抱歉造成長官的困擾。

回到現場就知道，原來她被人設計了。

當她舉起相機拍照蒐證，引起臺灣神社團成員不滿，不斷地對女警嗆聲，又很不滿地追問：「每次都講上級，誰是上級？」這時她忍不住回說：「我的上級是中華人民共和國，可不可以？」此話一出，爆發雙方口角，一發不可收拾。

執法人員遇到任何義憤填膺而令人衝動的關鍵時刻，千萬記得要緊閉嘴巴、摒住呼吸，再深深吸一口氣，確認你說出的話沒有不良後果，再慎言其餘，才不會被人激怒而引火自焚。

【故事八】罰單有所所不開──剛正女警與帥氣男警

永難忘懷三十多年前，我騎機車從臺師大到臺北火車站，因時間有點趕，又逢下班尖峰時段，北平路單邊兩線道汽車排了五排，我只好挨著雙黃線前進。忽然我的眼睛餘光瞥見一個女生向我招手，定睛一看，啊，是女警！後果不問可知。我乖乖下了車，站在她面前。

「證件拿出來！」她以武則天的氣勢喝令我，聲波冷冽，寒氣凍人，絲毫沒有小女生的溫婉。

偏偏我什麼證件都沒帶，只好掏出已訂位的自強號火車票，危危顫顫地向她哀求，只差沒有跪下去。她滿臉冰霜，好像我欠她幾萬沒還的樣子，連說了四聲「扣車！」

我像一個逃犯被抓，毫無奧援，站在那裡，呆若木雞。

此時深恨自己沒有一張金城武的face；若有，應可溶解她臉上的冰霜。

現在回想，那時如果認識現為「史記讀書會」主講之一的陳連禎（警專校長）就好了；但據周銘小哥說，「沒用的，我在他手下，一點油水都沒有！」回到現場，身陷「囹圄」的我，心想，完了，火車票作廢了。

這時，旁邊一位帥氣的男警察在開罰單，輪到我時，好像現在小哥對待老師一樣：「剛才聽到你什麼證件都沒帶，你總要出示一件上面有你名字的任何書面資料吧？」

我從007箱子內好不容易翻出一個信封來，剛好是當天出納組通知我領鐘點費的封袋，他看到「師範大學」，又看到「教授」兩字，微笑地說：「我第一眼看到你，便覺得你不像一般人。」我受寵若驚。

他繼續說：「你知道為什麼被攔下來嗎？」

我答：「噢，我知道，踩著雙黃線行駛；但我趕車，實在不得已。」

「那樣變成逆向行駛，很危險的，下次要注意。」

他說完，斜踏一步擋住那位女警的視線，用手勢示意我趕快離開。

帥哥警察萬歲！我趕上火車了！

越回想，越感覺他帥！想要給他立「生祠」！

其實，我打從心底敬重那位女警，她認真剛正，執法如山，和那位帥哥員警的情法兼顧，都好到極致。

（作者傅武光，臺灣師範大學國文學系退休教授）

第九

———

行軍 篇

原文

孫子曰：凡處軍、相敵：絕山依谷，視生處高，戰隆無登，此處山之軍也。絕水必遠水，客絕水而來，勿迎之於水內，令半濟而擊之，利；欲戰者，無附於水而迎客；視生處高，無迎水流，此處水上之軍也。絕斥澤，惟亟去無留；若交軍於斥澤之中，必依水草而背眾樹，此處斥澤之軍也。平陸處易，而右背高，前死後生，此處平陸之軍也。凡此四軍之利，黃帝之所以勝四帝也。

凡軍好高而惡下，貴陽而賤陰，養生而處實，軍無百疾，是謂必勝。丘陵堤防，必處其陽而右背之。此兵之利，地之助也。上雨，水沫至，欲涉者，待其定也。凡地有絕澗、天井、天牢、天羅、天陷、天隙，必亟去之，勿近也。吾遠之，敵近之；吾迎之，敵背之。軍行有險阻、潢井葭葦、山林翳薈者，必謹覆索之，此伏奸之所處也。

敵近而靜者，恃其險也；遠而挑戰者，欲人之進也；其所居易者，利也。眾樹動者，來也；眾草多障者，疑也；鳥起者，伏也；獸駭者，覆也。塵高而銳者，車來也；卑而廣者，徒來也；散而條達者，樵采也；少而往來者，營軍也。辭卑而益備者，進也。辭強而進驅者，退也。輕車先出，居其側者，陳也；無約而請和者，謀也；奔走而陳兵車者，期也；半進半退者，誘也。杖而立者，飢也；汲而先飲者，渴也；見利而不進者，勞也。鳥集者，虛也；夜呼者，恐也；軍擾者，將不重也；旌旗動者，亂也；吏怒者，倦也；粟馬肉食，軍無懸瓴，不返其舍者，窮寇也。諄諄翕翕，徐與人言者，失眾也；數賞者，窘也；數罰者，困也；先暴而後畏其眾者，不精之至也。來委謝者，欲休息也。兵怒而相迎，久而不合，又不相去，必謹察之。

兵非益多也，惟無武進，足以並力、料敵、取人而已。夫惟無慮而易敵者，必擒於人。

卒未親附而罰之，則不服，不服則難用也；卒已親附而罰不行，

則不可用也。故令之以文，齊之以武，是謂必取。令素行以教其民，則民服；令不素行以教其民，則民不服。令素行者，與眾相得也。

四種地形的部隊管理

孫子說：在作戰過程中，遇到各種地形地物，要如何處理軍隊、觀察敵情而判斷表象之下的真相，須注意下列事項：穿山越嶺，要沿著有水草的溪谷前進；駐紮軍隊要選在有陽光有出路、交通便利、能攻能守的高地；如敵已占領高地控制有利的地勢，就不要仰攻，這是在山地部署軍隊作戰的要領。

渡過江河後，不要在岸邊多作停留，應該繼續前進到距離江河較遠的地方再駐紮；敵人渡河而來，不要在岸邊迎擊，應該等他渡河一半的時候再發動攻擊，這樣才有利；如果想要進行決戰，不能靠近岸邊部署迎戰；選擇向陽的高地，不要在下游而逆著水流部署或駐紮，這是在江河地帶部署軍隊作戰的要領。

遇到鹽鹼沼澤濕地，要迅速離開現場，不可停留；萬一在此與敵遭遇，一定要靠近水草而背靠樹林，這是在鹽鹼沼澤地帶部署軍隊作戰的要領。

在平原曠野地帶，要駐紮平坦地面，右翼主力要背靠高地，並且要利用前低後高的有利地形，這是在平原地帶部署軍隊作戰的要領。

以上四種因地制宜的處置要領，就是黃帝戰勝四帝的原因。

大凡駐軍，都喜歡駐紮在乾爽高地而討厭陰濕的低地，重視向陽處所而避開陰暗的地方；靠近水草而便利休養生息，同時糧道暢通，避開疾疫容易發生的地方，軍隊不染疾疫，這樣勝利才有保障。在丘陵堤防，駐紮必須占據向陽的一面，並右翼部隊以它為依託。以上是用兵處置軍隊的要領，全是地形條件的幫助所致。

上游下起大雨，必有雜草碎木漂流，如果想涉水渡河，要等待水勢穩定、雜物不見時再過河。

　　行軍遇到絕澗、天井、天牢、天羅、天陷、天隙等六種險惡的地形，必須迅速避開離去，千萬不可靠近。我方要遠離這些險惡地形，而讓敵軍接近它；我方要面對它，而讓敵軍靠近它。

　　軍隊行進中遇有艱難險阻、低窪沼澤、蘆葦叢生、草木茂盛的地形，一定要提高警覺，謹慎反覆搜索，因為這些地方都是隱藏敵人，奸細埋伏的地方。

觀察敵人運動真相的三十二種方法

　　敵人離我很近卻很安靜，一定是仗恃他有利的險要地形；敵人距離我很遠，卻派兵前來挑戰，是企圖引誘我前進；不據險要而駐紮在平地上，其中必有其他企圖。

　　前方樹木搖動，是敵人偷襲的徵候；草叢中設有許多障礙物，是敵人故布疑陣；樹林中群鳥受驚飛起來，樹下一定有伏兵；野獸驚駭奔逃，是敵人大舉前來突襲的徵候。

　　前方塵埃高飛而呈尖直形狀，是敵人戰車奔馳來侵；塵埃矮低而呈寬廣形狀，是敵人步兵前來；塵土飛揚疏散而呈條縷狀，是敵人在拖曳薪柴行進的偽裝欺敵動作；塵埃稀少而時起時落，是敵人正在查看地形要安營駐紮的徵候。

　　敵方使者措辭謙卑，而部隊加緊戰備的樣子，是企圖向我進攻；措辭強硬，而敵軍卻擺出進逼的姿態，是準備要撤退。

　　敵方先出動戰車，部署在兩翼，是在布陣準備進攻；敵軍尚未受挫，卻前來講和求情，一定另有陰謀；敵軍往來奔走而列陣結隊，是在期待與我決戰；敵軍半進半退、又進又退，是誘騙我方上當。

　　敵兵倚著武器當枴杖站著，那是餓壞了；取水的人卻先喝起來，可見渴死了；見到有利可圖卻不掠奪，是太疲勞了。

　　敵區鳥雀群聚，表示已空無一人；夜裡做夢驚呼，是軍心恐慌

了；官兵上下爭執、紛亂，是將領已經失去威嚴了；旗幟亂動不整，是軍紀不嚴而隊伍混亂了；軍官動輒煩心易怒，是因為軍務過勞了；殺馬吃肉，代表已無軍糧了；炊具閒置不用，又不返回營區，是已到窮途末路了。

敵方將領說話低聲下氣、輕聲細語，說明他已無威信、失去人心了；不斷的賞賜，是因為處境窘迫、沒有其他更好的辦法了；動輒懲罰部屬立威，是因為一籌莫展、無計可施了；先是凶悍苛刻，後來又怕眾叛親離，這種將領太笨了。

敵人使者前來送禮謝罪，態度又謙卑時，是想要休戰了。敵軍來勢洶洶，久久卻不與我交戰，又不肯離去，可能有陰謀，必須小心觀察他的底細、真正的企圖。

文武並濟的治軍原則

用兵不是兵力越多越好，重點在不可輕敵冒進，並能集中兵力而形成優勢、準確判斷敵情、爭取民心支持而內部團結。那些缺乏深謀遠慮又輕敵的人，必然會被敵人俘虜。

士兵還未有親近、歸附的感情，如果對其執行嚴刑峻罰，他們不會心服，不服就難以用兵打仗。如果他們已經親附而樂於追隨，又建立起倫理紀律，遇有違反法紀情形，卻又姑息寬容而不罰，這也不能達到將士用命打仗。所以，平時要用愛心對待部屬，不斷地教育訓練，使他們心悅誠服，同時要用嚴明紀律來統一行動，這樣才能成為必勝的軍隊。平常就要貫徹命令，落實執行規定；只要用心管教部屬，部屬就會心服。如果平時執法不能貫徹落實，又不肯嚴格要求紀律，部屬就會有抗命現象。只有平時貫徹命令，認真落實執法，長官部屬相處和諧，才能得到部屬的擁護與支持。

如何判斷敵情，趨吉避凶

在危機四伏的戰地，如同荒野求生，就要懂得觀察四周自然環境的動靜，以及人為的表象，來推測敵人隊伍的軍容、士氣興衰。軍隊出征，處在不同的地理環境，指揮官須有因地制宜的對應之道。這就是孫子「處軍」「相敵」課題。

「處軍」是指作戰隊伍在特殊地形，要有不同的因應作為，其中包含駐地選擇與戰鬥方法。「相敵」則是指在行軍中，如何觀察敵人表象，不為外表所迷惑，而提出判斷敵情真相的具體辦法。

孫子列舉四種地形的行軍要領，舉出三十二種為敵人看相的方法，其目的在提醒指揮官的領導之道：

一、深謀遠慮、知彼知己：領導人要深謀遠慮，不能輕視敵人，不可自恃兵多將廣，以為兵優就可以目空一切。如果將領目中無人，狂大無謀，其下場就是「必擒於人」。

二、度德量力、務實面對：如果小國寡民，兵力不足，不成隊伍，又不知度德量力，硬要以寡擊眾，「小敵之堅」螳臂當車，其下場也必然落得「大敵之擒」而一敗塗地。

三、剛柔並濟、帶人帶心：管理部屬要帶心。主官要建立一支可攻可守、進退自如的團隊，不能只靠一種方法；而必須軟硬兼施、多元發展，才能有效治理團隊。孫子認為治理方策——治理團隊一方面要不斷教育、訓練、輔導、關懷來整合思想，也先獲得人心支持，爭取信任而形成共識，「令民與上同意」來深化團隊精神；二方面要運用倫理、紀律、法治來規範、約束、整飭團隊的行動力，才能凝聚團隊正能量。這種文武合一的治理方法，就是我們耳熟能詳的「菩薩心腸、霹靂手段」、「愛的教育、鐵的紀律」攻無不克的勁旅。

四、令出必行、行之有素：最重要的是執行力。孫子主張平時作為要有戰時的體認──令出必行，六親不認，執行不打折扣，才能建立上下同意的共識與互信的基礎。「撼山易，撼岳家軍難」的讚嘆正是執行力的寫照。漢文帝走訪各地軍營如入無人之境，只有移蹕周亞夫領軍的細柳營受阻後，才領教到「將在外，君命有所不受」的威信，印證了周亞夫治軍嚴明的典範。

五、認識環境、觀察印證：處軍、相敵的目標，在於提示隊伍行軍在外，首要確保人身安全，先求生存才有戰鬥力。要確保駐地安全，先要瞭解地形的特性，其次，要瞭解敵方的各種狀況，也就是「知彼知己」的功夫。四種地形、三十二種觀察法，具體指出隊伍在生死之間，如何作出最佳的選擇與作為、如何追求趨吉避凶的目標。

故事

【故事一】重賞重罰代表遇到了困境

　　一九九六年十一月二十一日桃園縣長劉邦友等八死一重傷慘案，震驚全國，政府高層特別提高懸賞獎金新臺幣二千萬元，而警政署也宣布破格升職與從嚴處分的重獎重懲規定。

　　一九九七年四月十四日的白曉燕被擄勒贖殺害案，警方偵辦過程遇到瓶頸，警政署祭出懸賞一千萬獎金。由於風聲鶴唳，北部地區人人自危，企業家同仇敵愾企圖以集資方式，鉅資四千萬元作為民間的懸賞獎金。但是白冰冰得知後加以婉拒，認為這樣做法對警方不公平，而且高額獎金與破案不成正比例，她並舉自己的遭遇為例證。

　　最後，對於追擊陳進興犯罪集團的要犯，祭出逮捕每名嫌犯各懸賞新臺幣二千萬元高額獎金。司法機關數賞重罰，代表遇到了困境，以高額金錢求助全民，激發正義力量，踴躍提供破案線索。

【故事二】過密樹叢、裝瘋賣傻都有玄機

　　民國一〇四年七月花蓮卓溪鄉田姓男子獨自上山砍材，遭到虎頭蜂螫後體力不支，最後休克身亡。醫師說，被螫到後會引發過敏性休克，也可能導致腎臟衰竭。養蜂業者則建議，民眾上山最好不要穿著鮮豔的色彩衣服，而且身上不能噴灑香水，免得引起虎頭蜂注意。因為虎頭蜂窩巢附近會有警衛蜂巡邏。民眾若發現警衛蜂繞圈圈，一定要馬上掉頭回去，以避免被虎頭蜂攻擊螫傷。

　　鄧海珠寫《矽谷傳奇》，談到一九九六年初治安敗壞。美國矽谷三光公司門口的大樹小樹一夕之間被砍個精光，使得盜匪無處可藏、無案可作、無所遁形。那年，因此還是公司多年來最平安無事的一年。

因為各地廠商普遍被偷、被搶所苦，檢討原因是有太多過密的樹叢，常常成為歹徒藏身地方。

在洛克希德火箭公司做事，除了沉默是金以外，必要的時候還得裝瘋賣傻才行。每一次出國旅行，必須向所屬單位呈報過程。安全人員都會教授密招，譬如教人裝以村夫村婦的打扮，故意裝作不懂英文等等，以防範任何人想搭訕套取機密。

在亂世，連植物都有罪。其實我們去過大陸，看到大片光禿禿的清宮，都沒有一點綠意，感到奇怪。當地導遊一定會告訴你，有樹叢地方，容易成為歹徒藏身地方，草木何其無辜！

【故事三】看懂人性就沒有怨恨

世態炎涼，食客中只有馮驩不忍離開失勢的主人孟嘗君而去。

馮驩前往遊說秦王，分析國際微妙關係，陳述誰用了孟嘗君即可稱雄各國，於是秦王下令迎接孟嘗君。

馮驩告辭了秦王，立刻飛奔齊國，勸請齊王重用孟嘗君為丞相，以粉碎秦國稱霸天下的企圖。齊王聽了即刻召請孟嘗君，並恢復他的相位，秦國迎接孟嘗君使節團才半途回國。

門客聽到孟嘗君復職了，紛紛回來歸附。孟嘗君深深感慨說：「我很好客，待客從來不敢失禮，食客多到三千餘人。然而食客見我失職，都不顧情面離我而去。如今他們還有何面目來見我呢？他們來見我，必定當面羞辱他們。」

馮驩說：「您失言了。您知道物有必至，事有固然的道理嗎？」

又說：「有生必有死，富貴時則朋友很多，貧賤時就沒朋友。您看過趕市集的場面嗎？天一亮，人人側肩爭先恐後搶進市場；天黑之後，經過市場的人往往掉頭不顧。他們並非喜愛早市而厭惡黃昏市場，其中道理是因為他們想買的東西，市場已經沒有了。昨天您離

職，賓客都離去，今天復職了實在不值得怨恨他們的現實。因此，請您就像過去一樣的對待他們吧。」

孟嘗君聽完，豁然開朗，再三拜謝馮驩。

「天下熙熙，皆為利來；天下攘攘，皆為利往。」

孟嘗君的職務失而復得，門客隨之去而復返，讓人看到得勢、失勢其間的人情冷暖，這就是人性，並不令人意外。

【故事四】聽了花言巧語，往往忘了自己

楚國商人曹丘擅長辭令，能言善辯，喜歡結交有權有勢的官員，從中也賺了很多錢。

而季布為人好打抱不平，得知曹丘跟朝廷外戚竇長君交往密切，遂寫信致意竇長君，表示曹丘品性不好，希望不要再跟他來往。

曹丘親身到竇長君家裡，請他寫封介紹信，想認識季布，並且希望季布能親自接見他。竇長君老實不客氣地對他說：「季布對你沒有好感，你就別去了，我也不會幫你寫信。」但是經不起曹丘一再懇求，竇長君還是寫了封引薦信給季布。曹丘出發前，派人先送信給季布；季布看到信後，勃然大怒。

季布還是等著曹丘上門來，準備當面給他難看。然而，當曹丘拜見季布的時候，情況卻發生了戲劇性變化。曹丘一看到季布，立刻向他行禮作揖，深深一鞠躬；告訴季布說，楚國人有一句諺語：「得到黃金百斤，不如季布一諾」，您的名氣在國內很響亮。您怎麼會有那麼高的聲望呢？您是楚國人，我也是楚國人，我周遊天下，都向他人宣揚您的美名，如今世人皆知你的好名聲，我也有功勞，難道我對您還不夠敬重嗎？你為什麼要拒我於千里之外呢？

季布一聽曹丘的巧言令色，心裡十分高興，忙不迭請他進門，奉為上賓，並且招待他好幾個月，離開時又送了很多禮品。

【故事五】成吉思汗以蛇與箭比喻教育訓練

建立東起高麗、西至中亞、南及黃河、北至俄羅斯的民族英雄成吉思汗，只用三十萬騎兵，花費三十九年光陰，就建立空前絕後、橫跨歐亞的蒙古帝國，其成功令人好奇。

蒙古軍隊擁有鋼鐵一般的鬥志，其由小而大，由北至南，橫掃千軍如風捲殘雲的關鍵處，在於蒙古軍人有巨大的凝聚力與堅強的戰鬥力。這從成吉思汗晚年的告誡與比喻可以一窺全豹。

他以九人一組的戰友，加上一位十夫長，組成軍中最小單位，結成生死與共的團體。他們寧願被敵人切為肉片，也絕不會放棄任何一位傷患。如果有人放棄戰友，一定會被無情地處以死刑。

成吉思汗曾用一頭蛇與多頭蛇生動比喻，告誡所有臣民：應該以生命維護一頭蛇那樣的一條心、一顆忠心而維護團隊。他說，遠古的時候，有過很多腦袋而只有一條尾巴的蛇。嚴冬來臨時，所有蛇類為了過寒冬紛紛尋找洞穴。多頭一尾的蛇，哪個洞穴都容不下，因為這些頭誰也不服誰，互相衝突抵制。無奈之下，只好每個腦袋各自尋找洞穴避寒，牠們的尾巴只能可憐的留在洞外。隨著尾巴被凍死，個個互不相讓的腦袋，也都跟著全部被凍死了。只有一個頭的蛇，鑽入一個洞內，保護了頭尾，才得以安全度過嚴冬待春。

他又用一支箭與一綑箭做比喻，前者容易被折斷，後者結實又牢固。他不斷提醒誰也不能離開其他人，團體要團結得像一個人一樣，就會像一綑箭一樣結實。同時，不要輕信別人，更不要受到敵人的挑撥。一生中無論遇到任何困難患難，都應該互相援助。反之，他對敵人則特別注意分化，瓦解而孤立敵人，增強自己實力，真正做到了「勝敵益強」。

成吉思汗確實做到孫子的「因糧於敵」，作戰中不會受到後方供應的困難。蒙古軍除了依靠隨行羊馬、狩獵獲得補給外，也在占領地區搜索軍糧，以戰養戰。

用人唯才，更招降納叛，也見識到成吉思汗的膽識。早年他與塔塔爾人作戰，一位名叫「只爾豁阿反」的塔塔爾人一箭射中鐵木真的戰馬。此人後來被俘虜，鐵木真不計前嫌，賜名為「別哲」（槍矛的意思）。「別哲」成為蒙古將軍後，有次與金人作戰得勝，發現戰俘中有個天文學家耶律楚材，他立刻聘請為自己的顧問；後來還讓他成為宰相。耶律楚材為了蒙古帝國建立政權，以及建立元朝，有很大的貢獻。

成吉思汗為蒙古人，原名鐵木真；成吉思汗是成吉思（強大又鞏固的意思）汗（皇帝）二個詞組成。他戎馬一生，功業彪炳，雖無著述，但他的用兵作戰策略，處處無不吻合孫子的戰略思想。

【故事六】孫子「宮女練兵」斬殺美女隊長豈止立威？

《史記・孫子吳起列傳》記載一段兵聖孫子受命練兵的精采故事——「宮女練兵」，情節轉折多變而引人入勝，啟發多元而深遠。

由於孫子深通兵法，伍子胥引薦他給吳王闔廬（一作闔閭）。闔廬求才若渴，於是開門見山說：「你寫的《兵法十三篇》，我都看過，可以小試演練陣法嗎？」又問：「可以用後宮宮女練兵嗎？」

吳王選出後宮美女百八十人，交給孫子全權調遣。孫子將她們分成兩隊，指定吳王兩位寵姬擔任隊長，並下令宮女們都手執長矛兵器。

孫子問道：「妳們可知道自己的心口、左右手、後背在哪裡嗎？」宮女們都說：「知道了。」

孫子又說：「演練的時候，擊鼓下令向前看，眼睛就要看著心；向左轉，要看左手；向右轉，要看右手；向後轉，要朝背後看。聽清楚了嗎？」宮女們都說：「清楚了！」

　　孫子說明規定後，擺出懲戒違規的刑具；他還不放心，三令五申宣布動作要領與軍法規定。宮女們只覺得好玩，等孫子認真下令擊鼓向右轉，她們各個紋風不動，笑個不停。

　　孫子見狀，又說：「約束不明，申令不熟，將之罪也。」他耐心申明號令後，又下令擊鼓向左轉，宮女們還是哄堂大笑，不為所動。

　　此時孫子頓時動怒，嚴肅表態：「約束不明，申令不熟，是我的責任；現在約束明確而不遵守，妳們有罪。」於是準備斬首二名隊長問罪。

　　吳王看見孫子要殺愛姬，大驚失色；立刻要求手下留情。孫子說出千古不易名言：「將在軍，君命有所不受。」於是斷然斬首兩名隊長。再選出兩名新隊長，又下令擊鼓操練，這次全場鴉雀無聲，人人中規中矩，一個命令一個動作。孫子於是派人報告吳王驗收成果，並說以此用兵打仗，即使赴湯蹈火，她們絕對不敢退縮。

　　吳王寵姬被殺，心情低盪，說：「將軍請回休息吧，寡人不願驗收。」孫子也毫不客氣回答：「王徒好其言，不能用其實。」

　　由於吳王志在稱霸中原，亟需傑出將領指揮用兵，經過這次震撼教育，他終於知道孫子不是書生，而是具有執行力的軍事人才，於是派他擔任大將軍。孫子也無愧所託，領兵西破強大的楚國；又揮師北上，威震齊、晉大國，讓吳王站上國際舞臺，大放異彩，成就了吳王為一代霸主的心願。孫子「宮女練兵」的啟示：

　　一、孫子令出必行，信賞必罰，執法如山是有代價的。

　　二、代價就是事前要充分溝通，溝通內容要人人複誦而確認。

　　三、政策講解與法令宣導，必須三令五申，做到人盡皆知。

　　四、既已三令五申而當兒戲，執行力大打折扣，只有殺雞儆猴，以儆效尤，絕不接受法外關說，才能樹立威信，言出必行。

【故事七】帶人帶心的不敗將領吳起

　　戰國時期，魏文侯請教知人善任的名臣李克：「吳起為人如何？」李克說：「吳起用兵之法，即使過去齊國最有名的將領司馬穰苴未必能勝過他。」求才若渴的魏文侯立刻重用吳起為將，率兵攻打秦國，迅速收下五城。

　　吳起擔任將軍以後，吃的穿的，都與最基層士兵的衣食一樣。晚上睡覺，不鋪席子；行軍時不騎馬、坐車，自己扛兵器、背負糧食，都與士兵同甘共苦。有個士兵長了膿瘡，皮膚腫爛，他看到了蹲下來親自用嘴把膿瘡吸出來。這個小兵的母親聽到兒子膿瘡被吸吮的消息，竟放聲大哭。有人問她：「妳的兒子只是個小兵，而將軍親自吸吮膿瘡，為何要哭呢？」

　　這位母親說：「你們有所不知，往年吳將軍也吸吮兒子的父親，其父親感動得勇往直前，頭也不回往直前奮勇殺敵，終於戰死沙場。如今吳將軍又為我們的兒子吸吮膿瘡，我不知道這孩子又會在哪裡戰死，所以才哭了出來。」

　　魏文侯認為吳起善於用兵，堅持清廉不愛錢財，帶人又正直公正，而且盡得士兵的人心，就任命他為西河地區最高指揮官，負責抗拒秦、韓兩國威脅的任務。

　　魏文侯死後，其子武侯繼位，吳起仍然效忠服務。有次魏武侯乘船順著西河而下，船到中流，回頭對吳起說：「美哉乎山河之固，此魏國之寶也！」吳起不以為然回答：「在德不在險。若君不修德，舟中之人盡為敵國也。」魏武侯聽了，點頭稱：「善。」

　　吳起與各國大戰七十六次，全勝六十四次，其餘十二次都不分勝負，可以說是百戰百勝將軍。魏國四面開疆闢土千里，都是吳起的功勞。

啟示：

一、吳起治理軍政，強調文武合一：內修文德，外治武備。

二、重視情報：知彼知己，掌握敵情，臨機應變。

三、帶人帶心：收買基層人心，讓人樂於賣命，成為必勝的勁旅。

【故事八】野外求生要懂得善用動物的智慧——老馬識途

管仲與隰朋都是齊桓公的左右大臣，他們追隨齊桓公討伐孤竹國，春天出發，到了冬天才回國，一行人忘了回家的道路。管仲說：「可以利用老馬的智慧。」於是解開老馬的韁繩，讓牠在前走而找路，大家跟隨在後，果然找到正確的道路，安然回國。

他們走到深山裡找不到水，隰朋說：「冬天時螞蟻住在山的南面，夏天住在山的北面，如果蟻穴外的積土有一寸高的話，往下挖掘七尺，一定有水源。」於是在蟻穴積土的地方挖掘，果然找到水源。

韓非子認為管仲、隰朋都是齊桓公一時之選的聰慧英才，遇到困難都肯師法老馬與螞蟻的智慧。而現代人不知自己愚昧而師心自用，實在可笑。這個故事告訴我們：知識浩瀚無涯，動物的感知遠比人類靈敏，即使管仲、隰朋已經比當時任何人都聰慧，在野外遇到危機時，懂得善用動物的本能智慧，指引自己度過危機。

「老馬識途」的故事，印證了自然界也有精準的嚮導。

【故事九】年羹堯夜聞野雁的叫聲，立即警惕反應作為

清世宗雍正元年深秋，清朝大將軍年羹堯率軍前往青海平定叛

亂，到達西寧附近已晚，即令部隊安營紮寨就寢。

夜入三更，傳出一群大雁淒厲的鳴叫聲，飛過營帳。素來機警的年羹堯，被這突如其來的雁叫聲驚醒。他躍起披衣，杖劍出帳，只見星辰映照著雁群，時隱時現地向東南方飛去。年羹堯入帳來回踱步，反覆思考其中詭道：夜深無月光，大雁應該群宿在水邊，倘若無人驚動，不會夜間起飛移地棲息。況且雁群飛行疾速而鳴聲淒厲，一定受到叛軍涉水行動而受到驚嚇。研判大雁的起飛地點距此不遠。又依有關情報，他判定前去百里處為群山水泊，是叛軍出入必經之地，想必叛軍以為他遠道征戰，人地生疏不熟，想趁其不備，夜間前來襲擊。

他又料定叛軍可能是騎馬而來，估計四更後即可到達營寨。於是當機立斷喚醒士兵，下令夜間設伏、給予敵軍重創。年羹堯說：「四更時分，叛軍將前來劫我營寨，爾等設伏，需沉著果敢，奮勇殺敵，誓滅亂軍，功高者重賞。」這道軍令讓將士們感到突然，雖然心中疑慮，然而大家素知年羹堯用兵如神，還是快速整裝，銜命四面設伏備戰，絲毫不敢怠慢。

四更時分，諸將率領各路官兵設伏就緒。將士們刀箭在手，火器待發，虎視耽耽，蓄勢待發。霎時間，只見遠處有三路騎兵，黑壓壓一片，朝著清軍設伏地帶急馳攻來。

伏兵將士見此情景，皆大驚，暗思大將軍年羹堯料敵如神。等待叛軍進入伏擊範圍後，清軍驟然而起殺向叛軍。叛軍遭此意外突襲，嚇得不知所措，隊伍大亂，人仰馬翻，大敗而逃。大將軍年羹堯之營宿，竟懂得野外聲音的聽覺示警，不愧是清朝大將軍。

【故事十】驢子為何缺了一耳？

司馬楚之是司馬懿四弟的八世孫，辦事能力強、民間聲望高，而成為北魏大將軍，被派任征討柔然異族，他並且負責後軍押運糧草的

重任。司馬楚之親力親為，認真督考軍糧運輸，時時檢查柳樹林附近的行軍情況；這時有士兵來報，發現有隻驢子缺了一耳。

司馬楚之趕到現場仔細檢查，思考片刻，神情瞬間凝重。他迅即下令三軍停止行軍在原地待命，稍後又命令就地築城。司馬楚之讓士兵就近砍下柳樹，再用柳條和著泥巴築城，化為一座冰凍的堅固城池，其實就是座冰牆鐵壁。

過了不久，柔然騎兵果然撲天蓋地襲殺而來，司馬楚之好整以暇而以逸待勞備戰。騎兵在冬天遇到堅硬而滑溜的冰牆，根本無法躍起入城。柔然騎兵徒勞無功一時難以得逞，又唯恐北魏大軍支援圍剿，只好悵然而撤退。

事後大家對於司馬楚之的神預判都嘆服不已，並問他如何得知內情？司馬楚之解釋：驢的耳朵被割，判斷必是柔然派來偵蒐、刺探軍情的間諜所為，他回去為了取信當局而割下驢耳當作證物，這是柔然人習俗。司馬楚之知彼知己，研判對方間諜來摸底清楚後，將會爭取時機而迅速來侵犯，所以必須當機立斷，下令早做迎戰準備。

司馬楚之親自督導勤務的時候，見微知著，既早熟悉對手的風俗習性，又發揮高風險的敏感度，劍及履及而下達反制作為，保護軍隊安全與糧食運補無缺，使命必達，實得力於平時治軍嚴謹，而且細心觀察四周環境變化的危機意識。

第十

——

地形 篇

原文

孫子曰：地形有通者，有掛者，有支者，有隘者，有險者，有遠者。我可以往，彼可以來，曰通；通形者，先居高陽，利糧道，以戰則利。可以往，難以返，曰掛；掛形者，敵無備，出而勝之；敵若有備，出而不勝，難以返，不利。我出而不利，彼出而不利，曰支；支形者，敵雖利我，我無出也；引而去之，令敵半而擊之，利。隘形者，我先居之，必盈之以待敵；若敵先居之，盈而勿從，不盈而從之。險形者，我先居之，必居高陽以待敵；若敵先居之，引而去之，勿從也。遠形者，勢均，難以挑戰，戰而不利。凡此六者，地之道也；將之至任，不可不察也。

故兵有走者，有弛者，有陷者，有崩者，有亂者，有北者。凡此六者，非天之災，將之過也。夫勢均，以一擊十，曰走；卒強吏弱，曰弛；吏強卒弱，曰陷；大吏怒而不服，遇敵懟而自戰，將不知其能，曰崩。將弱不嚴，教道不明，吏卒無常，陳兵縱橫，曰亂。將不能料敵，以少合眾，以弱擊強，兵無選鋒，曰北。凡此六者，敗之道也；將之至任，不可不察也。

夫地形者，兵之助也；料敵制勝，計險阨、遠近，上將之道也。知此而用戰者必勝，不知此而用戰者必敗。故戰道必勝，主曰無戰，必戰可也；戰道不勝，主曰必戰，無戰可也。故進不求名，退不避罪，唯人是保，而利合於主，國之寶也。

視卒如嬰兒，故可與之赴深谿；視卒如愛子，故可與之俱死。厚而不能使，愛而不能令，亂而不能治，譬如驕子，不可用也。

知吾卒之可以擊，而不知敵之不可擊，勝之半也；知敵之可擊，而不知吾卒之不可以擊，勝之半也；知敵之可擊，知吾卒之可以擊，而不知地形之不可以戰，勝之半也。故知兵者，動而不迷，舉而不窮。故曰：知彼知己，勝乃不殆；知天知地，勝乃不窮。

白話文

六種地形及其用兵原則，是將領的責任

孫子說：地形有通、掛、支、隘、險、遠六種。

我可以去，敵可以來的地形，叫作通形。在通形地區作戰，要先占領視界開闊的制高點，並且保持糧道暢通，這樣才有利於作戰。

容易前往，難以返回的艱困地形，叫作掛形。在心有牽掛的掛形地區作戰，敵人如無防備，就可出擊戰勝敵人；敵人若有防備，我方出擊而不能取勝，又難以返回，這樣就不利。

我方出擊不利，敵方出擊也不利的地形，叫作支形。在雙方僵持的支形地區作戰，對方即使小利引誘我軍，不可出擊，要假裝領兵撤退，以誘使敵人前進，讓敵人從支形地帶出發一半的時候突然反擊，讓他進退不得，這樣就有利。

在有狹谷的隘形地區作戰，我方先占領隘口，用重兵封鎖隘口以逸待勞；如果對方先占領隘口，並且用重兵防守，就不要攻打；如果還沒有重兵封鎖隘口，就可以進攻。

在地形險要的險形地區作戰，如果我方先占領險地有利位置，必須駐紮向陽高地的制高點以等待敵人；如敵方先控制高地，我方就要領兵撤退，不可強行仰攻。在遠形地區作戰，雙方地勢相當，不宜挑戰，強行攻打反而不利。

以上六種地形，是利用地形作戰的一般原則，將領要負起成敗最大的責任，不可不認真考察研究。

六類兵敗現象，是將領失誤所造成的

軍隊打敗仗有六種現象：走、弛、陷、崩、亂、北。這六種敗象並非客觀環境造成的禍害，而是將帥犯錯所造成的後果。雙方所處的

地勢相當，卻以一擊十，以寡擊眾，叫作逃「走」之軍。士兵強悍而長官懦弱，命令不行，管理鬆散，叫作廢「弛」之軍。長官強悍而士卒懦弱，執行命令無法落實，叫作「陷」落之軍。幹部易怒，又不服指揮，遇到挑戰就憤而擅自出擊，將帥又不瞭解他的能力高低，叫作「崩」潰之軍。將帥軟弱無能沒有威望，治軍不嚴明又教導無方，部屬無常規可循，戰法雜亂無章，叫作混「亂」之軍。將領不能正確判斷敵情，卻以少擊眾，以弱擊強，打仗時又沒有選出精銳的先鋒部隊攻堅，叫作敗「北」之軍。以上六種狀況，都是導致失敗的原因，將領要負最大的責任，因此不能不慎重考察研究。

地形是用兵的輔助條件，將領要善加運用

有利的地形，是用兵作戰的輔助條件；如何判斷敵情以取勝、考察地形的險易、計算道路的遠近，這是高明將領要懂的道理。掌握指揮作戰的法則，打仗必勝；不懂這些道理而輕舉妄動，必敗無疑。

戰勝不求名聲，戰敗不避責任

所以，將領深通用兵之道，預判有必勝的把握，即使國君命令不打，也要堅持作戰；如果沒有必勝把握，即使國君下令攻打，也可以拒絕而不必出戰。所以，身為將帥，戰勝不求名聲，戰敗不避罪責，對下保全民眾的生命財產，對上符合國家整體利益，這樣的將帥才是國家最寶貴的資產。

愛的教育，鐵的紀律

對待士兵像關愛嬰兒一樣，士兵就可以為你赴湯蹈火，一起共患難；對待士兵像疼愛兒子一樣，士兵就會跟你出生入死。但是如果厚待士兵而不能使喚，寵愛士兵而不加以教育，違法亂紀而不予懲處，那就好比嬌生慣養的驕子，是無法派上用場的。

知彼知己，知天知地，才能使命必達

只知我軍有能力出擊，卻不知敵軍可不可以攻擊，只有半勝；只知敵軍可以攻擊，卻不知道我軍有沒有能力出擊，也是半勝；知道敵人可以攻打，也知道我有能力出擊，卻不知道地形利不利於作戰，勝利還是沒有把握。所以說：如果瞭解對方，也瞭解自己，克敵制勝就沒有問題；如果再懂得天時、地利，那麼贏得勝利，就可以保證萬無一失。

要義

主官要負成敗全責

本篇主旨有四：首先，從戰略觀點分六類地形及其運用方法。其次，分析六種戰敗的樣態，指揮官要負起最大的成敗責任。再次，強調領導統御的根本倫理，包括品德要求與愛民之禁忌。最後，再次強調知彼知己、知天知地，才能使命必達。

指揮官應有的修為

孫子認為六種敗兵現象，都是將領自己造成的，要負最大責任，因此平時要重視、考察：

一、有效運用地形：考察地形險易，計算道路遠近，爭取有利的地形，是用兵作戰的輔助條件。有足以判斷敵情的情資，才能全力爭取勝利。

二、在外有所堅持：依循戰爭規則，如果預判打仗必勝，即使國君認為不打，也要堅持攻打。如果沒有必勝把握，即使國君說要打，也不應該打。

三、國家利益優先：身為將領，進攻時不能只顧追求自己的好名聲，戰敗撤退時不會逃避失敗的罪責，一心只求能保護人民的生命財產安全，又能符合國君的利益，這才是國寶級將領。

四、不時關愛部屬：愛護士兵像關愛嬰兒般周延，士兵就可以為你赴湯蹈火；關懷士兵像對待心愛兒子，士兵就可以為你出生入死。

五、公私必須分明：如果厚待士兵卻不給機會派上用場，關懷士兵卻不加以教育訓練，士兵違法亂紀而不予懲處，他們嬌生慣養，就無法上戰場打仗。

六、不打沒有把握的仗。先勝的前提是要瞭解敵情，才能超前部署。至於瞭解敵情的方法有三：一是觀察敵人現象而判斷敵情。二是派遣高素質間諜，刺探真實的敵情。三是試探行動，接戰之時，設法試探、獲取敵人實力、部署。總之，沒有情報，沒有行動；沒有情報而妄動，人民會暴動。

不管個人犧牲有多大，國家利益永遠第一

美國名將麥克阿瑟戰功彪炳，他的庭訓是：「我們應該作合於正義的事，不管個人犧牲有多大，國家永遠第一。」又說：「瞭解自己是一切知識的基礎。領導他人之前，要先能駕御自己。」平時就認識並研究各種可能失敗的原因，並且多用心去設法預防敗象發生，平時防患未然，戰時就能趨吉避凶。只要認識自己的能力、扮演好自己的角色，進而知彼知己，不斷推演、印證，找出成功的最大可能性，這就是〈地形篇〉給我們最大的啟示。

【故事一】進不求名，退不避罪：幫過別人放在心裡就好

　　荊軻刺秦王，讓秦王險些喪命。荊軻是燕國太子丹派去的刺客。燕國是小國，為什麼敢放手一搏？當時秦是超級強國，這種以卵擊石的高風險自殺式行為，仍然要硬幹？原來燕太子在秦作人質的時候，秦王嬴政對他極其無禮，讓他興起不如歸去。

　　燕國太子千辛萬苦逃回燕國，不思輔助君父強國，卻一心一意只想報私人之仇，他寫信給老師鞠武說：「今秦王……遇丹無禮，為諸侯最。丹每念之，痛入骨髓。」鞠武知道情勢不利於燕，自己老了已無能為力，於是轉介一位有智有謀的田光給燕太子。燕太子流淚對田光說：「丹嘗質於秦，遇丹無禮，日夜焦心，思欲復之。」後來的發展就是人人皆知荊軻刺殺秦王的悲劇故事。

　　秦王嬴政為何會對於燕太子丹無禮呢？原來燕太子之前曾在趙國當過人質，而秦王也在趙國出生；那時由於燕太子年紀大，又是太子尊貴的身分，因此多方照顧嬴政，兩人感情很好。後來燕太子又做了秦國的人質，而嬴政此時已是取得秦王更尊貴的身分，這時燕太子的想法與做法就起了很微妙的化學變化。

　　每個人未必都樂於分享自己的過去，有人更不喜歡分擔過去的苦難或不堪的陳年往事，更不想見到過去令人不愉快的經驗。偏偏有人白目不識相，喜歡回憶過去的種種，包括對方難堪的情境。

　　往事不如煙，受傷的疤痕往往不易結疤癒合，特別是心靈上的傷痛。經過多年了，不知有好幾道的陰影猶在。你無意中去揭開它，創傷或許還未完全癒合，何必再提對方不堪的往事，讓人第二次傷害；讓人觸景傷情又回到當年不愉快的記憶，燕太子真是哪壺不開提哪壺的「大面神」。

　　啟示：幫過他人，就讓它成為美好回憶，放在心裡多溫馨。燕太子喜歡談過去的事蹟，常常不經意提起自己幫助過贏政的風光，讓贏政感覺不舒服而不自知，哪壺不開提哪壺，燕太子引火自焚，惹來殺機猶然不知。

【故事二】萬方無罪，都是穿裙子惹的禍？

　　夏天到了，熱浪襲來，不分男女，衣服越穿越少。而女性穿著暴露清涼亮相，吸引男人的目光，自不在話下。傳統的禮教觀念，認為女人如果細心盛裝，打扮冶豔，將容易誘發男人的生理衝動，萬一當下缺乏克制力，女性就很有可能被性騷擾、性侵害。這麼說來，女性「冶容」被傷害，是咎由自取嗎？

　　民國七十六年金門縣發生一件凶殺命案。被害人是一位三十多歲的婦女，平時以撿拾空酒瓶變賣現金維生。以往她工作的時候，都穿著一身長褲；案發那天穿的卻是洋裝，外表看起來顯得格外年輕亮眼。當時有名防砲部隊士兵，請休假跑去「八三么」行樂；感覺意猶未盡，又去喝酒，喝得酒興大發，出門看到這位穿洋裝的婦女，心癢難耐而調戲這位太太，嚇得她掉頭就跑。

　　士兵一怒之下，拿起石頭砸了她的頭部昏倒後，拖到樹林底下加以性侵得逞致死。警方接獲報案不敢大意，全面出擊可疑對象，查到空軍一名休假士兵，於是鎖定目標，深入調查，發現休假士兵的褲子沾有黃土。現場也查到兩顆鈕扣，經比對出都是軍服上衣的鈕扣。另外在刑案現場的模擬作案中發現棄置的上衣比對也吻合，於是縮小範圍找到了加害人。

　　被害婦女的配偶是計程車司機，破案後他要求軍方賠償一部全新計程車，軍方二話不說，忍痛買單。同時，被害家屬也要求給他一塊車牌。金門戰地政務委員會多年來只發二百部計程車車牌，為了這起

命案，特破例另發一張牌照。牌照當時的價格就高達新臺幣二百萬元。當年士兵酒後鑄下的人命悲劇，難道都是穿裙子惹的禍？

【故事三】警察入校園宣導預防犯罪有「眉角」

以治安為己任的警察，由於職業的敏感度，為防患未然，經常構思如何宣導預防性暴力案件發生。有人常說「千金之子，坐不垂堂」、「君子不立於危牆之下」，又引經據典「慢藏誨盜，冶容誨淫」的大道理；似乎把犯罪的焦點都放在女性身上。言下之意，提醒女性熱天外出打扮穿著要檢點，才不會被害。這種說法適當嗎？

一九九〇年，法國立法禁止在公共場所遮臉。雖然法案未提針對伊斯蘭教，但是法國境內有五百萬名穆斯林，其中有兩千名婦女戴全臉面紗，或穿全身式罩袍。法國法律規定如果屢勸不聽，將罰款一百五十歐元。很多人好奇穆斯林婦女為何要戴面紗或穿罩袍？因為《可蘭經》告誡婦女，除了父親、丈夫和兒子外，不能讓其他男人見到她們的美麗容貌，而臉部是女性最誘人的部位，因此要用面紗遮起來，也要把全身包得緊緊的。雖然時移勢變，這種想法與「慢藏誨盜，冶容誨淫」的概念卻有異曲同工之妙。然而，現在物換星移了。

第一任文化部長龍應台曾說過：「我是女人，我有誘惑你的權利。而你有不受誘惑的自由，也有自制的義務。」她特立獨行的主張，顛覆了中外傳統的思維。龍女士的名言，是耶？非耶？站在員警的立場，實在不敢苟同。

而站在女性主義的立場，對於傳統的女性刻板印象卻大不以為然，認為把一切罪過都歸咎於被害的女性身上，根本是倒果為因，顛倒是非。她們全力主張，穿著暴不暴露，露多露少，完全是女性的自主權利，男性不該插手指指點點。

不久前有位美國警察，鑒於熱浪來襲時節常發生性騷擾或性侵案

件，於是主動到校園宣導預防犯罪。他向女生喊話，極力勸導不要穿短裙，以免招蜂引蝶，遭遇不必要的傷害，此舉竟引來各界群起撻伐員警的落伍思想。員警一向根據勤務經驗，直覺女生穿著暴露，容易引發登徒子的覬覦；也很有可能讓男人升起淫邪之心，妄想一親芳澤。這種看法，冒犯到女性的自主權，當然會引起女性主義者的抨擊。

員警善意提醒，本無可厚非，而說法卻值得商榷。以臺灣為例，宣導預防女性被害，大可以舉出實際案例與數據，說明性侵案件其實最常發生於男女約會的時候，其次是被害女生周邊的師友，再其次才是路上的陌生人，約只占百分之十。據統計，全球女性受到性暴力，包括性侵害、性霸凌、性騷擾等非法暴力案件，百分之三十是出自於身邊親密的伴侶。至於女性的穿著打扮，並不是被害的主要因素。

【故事四】地下停車場有高風險

民國八十三年十月，臺北市內湖區新湖小學發生吳老師命案，死狀不忍多看一眼。案發後天天主持開會以掌握偵辦進度，並破例請被害人家屬參加專案會議，隨時瞭解警方辦案方向。很遺憾在我任內未破案就調職。直到八年後警方宣布破案。

破案關鍵，在於役男指紋檔案比對。案發時黃姓凶嫌才十五歲，另一王姓主嫌當時也才十一歲，都沒有留下役男指紋。當天兩人在家看色情影片，看完後相偕到附近校園遊蕩。無意中見到吳老師獨自在地下停車場洗車。他們看四下無人，一時色心大起，於是模仿色情影片性愛情節，先勒昏了吳老師，接著性侵，再殺害。破案後發現王某還是吳老師的學生，真是極其諷刺。警察偵破日，黃某父親羞愧難當，公開道歉後，當天下午立即仰藥自殺！

吳老師無辜無罪，記得當天小週末，她在外參加雲門舞罷返校，

旋即到空蕩蕩的地下停車場，獨自一人洗車，渾然忘了置身於高風險的危地。吳老師遇害，無關結怨，無涉「冶容」，只是暴露在不對的時間、危險的地點，而不知人心險惡而已。

星期假日無人走動的地下停車場，女老師洗車被性侵，顯然是容易被害的「犯罪熱點」。數年後，臺北101摩天大樓的地下停車場，爆發兩位貴婦被擄勒贖案，驚動全臺，幸而警方快速破案。「千金之子，坐不垂堂」，為了人身安全設想，不宜冒險逗留在犯罪熱點，又豈止是「千金之子」要格外警惕呢？

啟示：為了避免受害，最好遠離缺乏監控的危險地點，避開人跡罕至的場所，時時保持警覺，絕不隨人走入容易被害的「犯罪熱點」，才是明哲保身的道理。

【故事五】局長看似大而化之，其實心思很細密

五十年代，劉青池局長做人處事非常細心。他擔任過花蓮、彰化縣、臺北縣、高雄市警察局長。他每次上任警察局長的時候，一定會自我介紹：「自己不是正科畢業的，也不是特警班；我是雜牌軍戰幹團出身的。今天能夠在警察單位占有一席之地，感到非常的光榮。」他以此番話作為開場白，特別間接表明了自己未來會處事公正。

劉局長外表一般、外貌壯碩，看起來大而化之，其實他的心思很細密。他在擔任臺北縣警察局長的時候，找來于春豔先生，對他說：「你分局長照做，不過每週請你來警察局一次當我的幕僚，幫我看看公文。」到了年終打考績時，他對于春豔先生說：「你怎麼樣打考績我都無所謂，我只有一個條件，三重分局長莊亨岱要給他打甲等、八十五分，其他的我都沒有意見。你們警察界我看多了，只有莊亨岱一個人未來會有前途；因為他的勤業務都很熟悉，對於人情世故瞭如指掌，我很佩服他。」

當時臺灣中部四縣市的警察局長相約去拜見首席檢察官（現在改稱檢察長），首席正好外出，大家不約而同說改去法院看院長，院長也正好不在。有一位局長就提議，那我們就在院長室坐一下等他回來吧！但是劉局長卻說，要坐也要去首席辦公室坐著等，因為他與我們警察的關係實非常的密切啊！

啟示：求人不如求己，自己要有實力才敢大聲。

【故事六】英國女王認為鬆「弛」懈怠是金融危機主因

二○一二年十二月十三日英國女王伊莉莎白二世視察央行「英格蘭銀行」，參觀神祕的地下金庫。女王脫口詢問官員究竟哪裡出了差錯，才會導致金融危機？並問銀行業的監管機關是否監督不周？這番直白問話，令在場官員相當尷尬。

女王又追問到底：「從錢的角度來看，預測將來發生的事件並不容易，但是，大家是不是有點……鬆懈？」後來她同意某位官員的意見，認為問題的癥結很可能是出在態度「鬆懈，自滿」。

央行官員為女王介紹金融危機專責小組時，竟然說道：「他們當中的某些人，希望下次金融危機來臨時能洞燭機先。」沒想到向來喜歡講冷笑話的菲利浦親王，橫空飛來一筆：「不會再有下一次了，對吧？」讓眾人頓時緊張而乾笑不已。親王又對小組成員補上一句：「下次別再犯了。」

英國女王向來避免參與政治討論，不過，她在二○○八年造訪倫敦政經學院時，曾以「糟糕透頂」來形容信貸緊縮，並詢問一群經濟學家：「為什麼都沒有人注意到（金融危機）？」卻得不到答案。

啟示：光說不練，太自我感覺良好，一再「鬆懈，自滿」，還是會潛藏危機的。

【故事七】直覺反應，深知地形而脫離死亡現場

　　日據時期「農民運動花木蘭」簡娥，她的父親簡文烈在地方教授漢文，簡文烈的學生余清芳以出家掩護抗日，建了西來庵埋藏武器。事機不密，引起日警注意，遂臨時起事。

　　起事那一天，簡娥的同母異父哥哥正在警察派出所打零工，黃昏下班出來，忽然想起有東西忘了拿，於是轉身回去。不料半路上看見許多人手持武器，正悄悄地包圍警察派出所。他走進派出所，見所長坂井抱著孩子在嬉玩，他向坂井說外面狀況有異樣。坂井往外一瞧，臉色大變，立刻將孩子交給他說：請救救這孩子，你趕快往外衝出去，不要回頭！他於是抱起小孩衝了出去，走不了多遠，聽到一陣槍聲響起，噍吧哖事件爆發。

　　美國九一一事件中，有許多感人的故事。有一位六十歲的科技顧問，他的公司就在世貿大樓南棟九十一層。幸好他反應快，逃得快，才能在危機四伏中存活下來。當時聽到轟轟大聲，他老人家跑到窗口看到隔空相對北棟大樓同層樓玻璃破個大洞，人從破洞中紛紛掉落，直覺認為如果是飛彈，不會只發一枚，就大叫「快下樓！」花十三分鐘跑到七十八樓，聽到大樓管理部門擴音器宣布：「大樓無事，不要驚慌，留在原地。」此時電梯來了，斷然跑進電梯下樓，一分鐘就到大廳！立刻又狂奔半條街，才敢回頭看，此時南北兩棟已陷入火海之中！顧問又飛奔到鄰近地鐵，搭到時代廣場，再換火車，正趕上十時十七分開往新澤西州最後一班車。回到家，夫妻相見恍如隔世。

　　孫子把「地」列為戰爭成敗的五大元素之一，很有道理；雖然二千五百年前沒有摩天大樓，然而逃生道理卻是一樣的。孫子說：「不知山林、險阻、沮澤之形者，不能行軍，不用嚮導者，不能得地利。」這位顧問得以逃生，因為他曾經在製造飛彈公司服務，又在紐約工作三十年；十分熟悉大樓周邊地形、地物、交通狀況；一旦遇到危機，

直覺不對勁就當機立斷，迅速找到安全的路徑，脫離了萬劫不復的險境。

這二個故事給我們的啟示：

一、九一一恐攻事件，死傷超過五千人，科技顧問逃過一劫的關鍵在於他的敏感度，而且熟悉周邊地形、地物、交通狀況，方能及時逃生。

二、簡娥的哥哥只是個打雜小工，卻深知派出所周邊的地形、地物、逃生路線，遇到變故才知道如何安全逃命。

【故事八】改變環境，才能翻轉自己的命運

美國第一位黑人總統歐巴馬就職演說時表示：「期待他人或等待未來，改變將永難實現。我們自己，就是我們等待的人；我們自己，就是我們尋找的改變。」想要改變環境，就得先從自己改變起。戰國時期的李斯善於自處，改變環境而轉型成功。

李斯在楚國初服公職，有一次他上辦公廳舍的廁所時，看見廁所裡有老鼠，正在吃不潔之物。廁中老鼠見有人走近，無不嚇得四處亂竄。又有一次，李斯進入官方倉庫，也見到倉中鼠大大方方地吃起滿倉的官糧，沒有一丁點的恐懼而逃跑。這二幕天壤之別的情景，看在小吏李斯的眼裡，萬分感嘆而說：「人之賢不肖，譬如鼠矣，在所自處耳。」

李斯要改變命運的第一步，就是要「學帝王之術」，以遊說諸侯王國；而要學好帝王術，就得拜當世第一流的明師，才能學得到位。李斯拜荀卿為師學有所成後，決定改變自己所處的大環境。

李斯拜師學成後，環顧各國實力，逐一評估強弱，察覺到自己的國家積弱不振，沒有發展的餘地，再評估楚考烈王昏庸無能，不值得投效，而其他五國的君王都苟且安於現狀，根本沒有自己施展能力的

空間。李斯最後望見只有企圖心強烈的秦國，未來才有建功立業的機會，因此鎖定目標，選擇決定西入秦國求發展。

李斯一入秦國，正好秦莊襄王死了。新秦王繼位，年紀又小，不能有所作為。李斯並不灰心，積極努力另尋出路。他立即找上秦相呂不韋，當他的舍人。呂不韋非常欣賞李斯的才華，推薦他去擔任秦王的郎官，也就是君王身邊的侍衛；郎官天天都見得到秦王，接近領導核心的機會很多。

李斯有次尋找機會遊說秦王，完整分析了當前的國際情勢，結論是現在正是動手消滅六國、一統天下的良機，一旦錯過機會，以後再也難有作為。秦王果然被說動，拜李斯為長史，用其計策，並且交由他全權執行。

李斯除了採用魏國大梁人尉繚向秦王的獻計：「賂其豪臣，以亂其謀，不過亡三十萬金，則諸侯可盡。」外，更進一步建議秦王可以強化效果的配套作為：「因遣謀士，齎持金玉，以遊說諸侯。諸侯名士可下以財者，厚遺結之，不肯者，利劍刺之，離其君臣之計。秦王乃使其良將隨其後。」秦王完全採行，於是再拜李斯為客卿。後來李斯官至廷尉，二十餘年功夫，竟輔助強秦兼併天下，後來秦始皇即帝位，即以李斯為丞相。

啟示：

一、李斯深悉「人之賢不肖」的現象根源，因而拜名師學習帝王術，學成後力爭上游，成為天下傑出的策士。

二、他盱衡各國發展情勢，洞察強弱趨勢，毅然離棄不爭氣的楚國，奔向充滿朝氣的秦國，而依附於強國明君，根本改變了自處的環境。

三、自處於高階的社群環境，終於翻轉卑賤人生。

第十一

——

九地 篇

原文

　　孫子曰：用兵之法，有散地，有輕地，有爭地，有交地，有衢地，有重地，有圮地，有圍地，有死地。諸侯自戰其地，為散地。入人之地而不深者，為輕地。我得則利，彼得亦利者，為爭地。我可以往，彼可以來者，為交地。諸侯之地三屬，先至而得天下之眾者，為衢地。入人之地深，背城邑多者，為重地。行山林、險阻、沮澤，凡難行之道者，為圮地。所由入者隘，所從歸者迂，彼寡可以擊吾之眾者，為圍地。疾戰則存，不疾戰則亡者，為死地。是故散地則無戰，輕地則無止，爭地則無攻，交地則無絕，衢地則合交，重地則掠，圮地則行，圍地則謀，死地則戰。

　　所謂古之善用兵者，能使敵人前後不相及，眾寡不相恃，貴賤不相救，上下不相收，卒離而不集，兵合而不齊。合於利而動，不合於利而止。敢問：敵眾整而將來，待之若何？曰：先奪其所愛，則聽矣。兵之情主速，乘人之不及，由不虞之道，攻其所不戒也。

　　凡為客之道：深入則專，主人不克；掠於饒野，三軍足食；謹養而勿勞，併氣積力；運兵計謀，為不可測。投之無所往，死且不北。死焉不得，士人盡力。兵士甚陷則不懼；無所往則固，深入則拘，不得已則鬥。是故，其兵不修而戒，不求而得，不約而親，不令而信，禁祥去疑，至死無所之。

　　吾士無餘財，非惡貨也；無餘命，非惡壽也。令發之日，士卒坐者涕霑襟，偃臥者涕交頤。投之無所往者，諸、劌之勇也。

　　故善用兵者，譬如率然。率然者，常山之虵也；擊其首則尾至，擊其尾則首至，擊其中則首尾俱至。敢問：兵可使如率然乎？曰：可。夫吳人與越人相惡也，當其同舟而濟，遇風，其相救也如左右手。是故方馬埋輪，未足恃也；齊勇若一，政之道也；剛柔皆得，地之理也。故善用兵者，攜手若使一人，不得已也。

　　將軍之事：靜以幽，正以治。能愚士卒之耳目，使之無知。易其事，革其謀，使人無識；易其居，迂其途，使人不得慮。帥與之期，如登高而去其梯；帥與之深入諸侯之地而發其機，焚舟破釜，若驅群羊，驅而往，驅而來，莫知所之。聚三軍之眾，投之於險，此謂將軍之事也。

　　九地之變、屈伸之利、人情之理，不可不察。

　　凡為客之道：深則專，淺則散。去國越境而師者，絕地也；四達者，衢地也；入深者，重地也；入淺者，輕地也；背固前隘者，圍地也；無所往者，死地也。是故散地，吾將一其志；輕地，吾將使之屬；爭地，吾將趨其後；交地，吾將謹其守；衢地，吾將固其結；重地，吾將繼其食；圮地，吾將進其塗；圍地，吾將塞其闕；死地，吾將示之以不活。

　　故兵之情：圍則禦，不得已則鬥，過則從。

　　是故不知諸侯之謀者，不能預交；不知山林、險阻、沮澤之形者，不能行軍；不用鄉導者，不能得地利。四五者，不知一，非霸王之兵也。

　　夫霸王之兵，伐大國，則其眾不得聚；威加於敵，則其交不得合。是故不爭天下之交，不養天下之權，信己之私，威加於敵，故其城可拔，其國可隳。施無法之賞，懸無政之令，犯三軍之眾，若使一人。犯之以事，勿告以言；犯之以利，勿告以害。投之亡地然後存，陷之死地然後生。夫眾陷於害，然後能為勝敗。

　　故為兵之事，在於順詳敵之意，并敵一向，千里殺將，此謂巧能成事者也。

　　是故政舉之日，夷關折符，無通其使；屬於廊廟之上，以誅其事。敵人開闔，必亟入之。先其所愛，微與之期。踐墨隨敵，以決戰事。是故始如處女，敵人開戶；後如脫兔，敵不及拒。

九種地勢特性及其應變之道

　　孫子說：用兵的一般規則，戰地形勢可分為散地、輕地、爭地、交地、衢地、重地、圮地、圍地、死地等九種。在本國境內與敵人作戰的地區的，叫散地。進入敵境不遠的淺境地區作戰的，叫輕地。我方占領對我有利，敵人占領對敵有利的地區的，叫爭地。我軍可以往，敵軍可以來的交界地區的，叫交地。多國接壤的地方，誰先到達就可先結交各國之地，叫衢地。深入敵境，背後控制很多敵人城堡的，叫重地。凡是山林、險阻、沼澤等難以通行的地區，叫圮地。入口狹隘，出口之路迂遠，敵人可以寡擊眾的，叫圍地。全力奮戰才能存活，不全力奮戰就會被消滅的，叫死地。因此，在散地，不要輕易與敵作戰；進入了輕地，不宜停留；處於爭地，不可唐突出擊；遇到交地，要保持密切聯繫，以避免被分割；遭逢衢地，應該努力結交諸侯；深入敵人重地，要不失良機，就地掠取糧草才能供應無虞；進入難行圮地，要迅速離開；陷入出入不便的圍地，要想方設法突圍脫困；進入死地，要拚死奮勇作戰求生。

對付敵人的方法

　　古代善於用兵打仗的，能使敵人的先鋒部隊與後續部隊前後無法顧及，主力與非主力部隊無法協同依靠，官與兵難以相互救援，上級與下級失去通聯而無法相互照應，敵軍潰散而無法集中，隊伍即使集合聚攏了，也是雜亂不齊。總之，符合國家利益的就立即行動，不符合國家利益的就停止行動。

　　請問：「如果敵軍眾多，隊伍又整齊來攻我，要如何對付呢？」答案是：「先奪取他的要害（最愛），就能使他聽我擺布。」用兵貴在神

速，把握敵人措手不及的時機，通過敵人料想不到的道路，攻擊敵人疏於戒備的地方。

深入敵境為客作戰的因應之道

大凡進入敵境作戰的規律是：越是深入敵人腹地，我方軍心就越專一，敵軍就越不可能戰勝我方；掠奪敵人富饒的糧食產地，我方就夠吃；要讓軍隊休養生息，不要使他們過度疲勞；要鼓舞士氣，養精蓄銳；積存能量，調兵遣將運籌帷幄，讓敵人無法判斷我方虛實。

談人情之理

把我軍置於無路可逃的死地，他們一定打死不退；如果連死都不怕，他們一定會全力奮戰。士兵深陷危險境地，就無所謂害怕了；這時人人知道走投無路，軍心反而穩固專一，不會動搖；越深入敵境就會越緊張、受到拘束；迫不得已，就會激起拚命死戰的鬥志。因此，處在這樣情境的軍隊，不必刻意整治調教，人人就會自動自發加強戒備；不必嚴加要求，會自動自發積極完成任務；不待約束，他們也會親密團結；不須命令，他們也會服從紀律；禁止謠言傳播，消除妖言惑眾的東西，適時解除士兵心中疑惑，他們至死也不會敗逃。

團隊合作的運用

我軍將士沒有多餘的錢財，並不是不愛財物；不顧性命戰鬥，並非不想活命百歲。每次接到作戰命令的時候，知道可能有去無回，坐著、站著的士兵哭得淚濕衣襟，躺著的士兵淚流滿面。只要上了戰場，到了無路可走的絕境，他們會像專諸、曹劌一樣的勇敢殺敵。

所以善於用兵的將領，指揮軍隊就像率然一樣的靈活。率然是恆山（河北境內）的一種蛇，這種蛇行動靈活自如，打牠的頭，尾部會來救應；打牠尾巴，頭部就會來救援；打牠腹部，頭部、尾部都會來

救援。請問：可以使軍隊像率然那樣靈活嗎？答案是當然可以。

吳、越兩國人雖然相互仇視，但是當他們同舟渡河時，一旦遇到狂風暴雨，他們互相救援求生就如同一個人左右手一樣自如。因此，把戰馬綁在一起，把車輪掩埋以防止潰散，是靠不住的；要使軍隊人人如同勇士一人，靠的是領導有方；能使剛強、弱者相得益彰，靠的是善於運用地形地物。所以，善於用兵的人，指揮全軍攜手團結就像一個人一樣，這是因為客觀環境使得軍隊迫於形勢，不得不如此。

將領應有的認識與作為

指揮作戰的統帥，最重要的，態度必須沉著冷靜，深謀遠慮而不動聲色，保密防諜；處事公正無私，使得軍隊上下紀律有條不紊。要蒙蔽士卒的耳目視聽，使他們對軍事行動的情資一無所知。作戰部署內容有時要變更，策略計畫也不能一成不變，才能使人無法識破指揮官的企圖；經常改變駐地，故意變更行軍路線，即可使人無法推測指揮官真正的意圖。

將領用兵要像登高後抽梯，斷絕其退路，使士卒有進無退。將領統率士兵深入敵境，發現戰機，就要立刻發動攻勢，像驅趕羊群一樣，趕過來，趕過去，他們都只知聽從命令，而沒人知道要到哪裡去。聚集三軍部隊，置於危險的死地，這就是將軍指揮的要務。

靈活運用各種不同地形、知道進退攻守的利害得失、掌握官兵上下的心理變化，以上三點，身為將領不可不明察秋毫。

深入敵境作戰的指揮之道

在敵國作戰的一般規律是：進入敵境越深，軍心會越專注；進入敵境越淺，軍心越容易渙散。離開本國進入敵境作仗的地區，叫作絕地；四通八達的地區，叫作衢地；深入敵境的地區，叫作重地；進入敵境不遠的地區，叫作輕地；背後地形險固、前面道路狹隘的地區，

叫作圍地；無路可走的地區，叫作死地。

因此，在散地，要使部隊軍心一志；在輕地，要使部隊保持連續相屬；在爭地，要催促落後的趕快跟上；在交地，要謹慎防守；在衢地，要鞏固鄰國的邦誼；在重地，要保證糧食供應不缺；在圮地，要找路迅速通過；陷入圍地，要堵住缺口以利防守；陷落死地，要顯示必死的決心。因此，士兵的心理變化是：被敵包圍時，就會全力抵抗；形勢迫不得已時，就會拚命戰鬥；陷於極度危險時，就會言聽計從。

知彼又有實力才是王霸之師

所以，不明白諸侯各國的戰略企圖，就不能與他結交；不知道山林、險阻、沼澤等地形，就不能行軍；不用嚮導，就無法得地利。

以上各種地形的利害所在，如有一項不知道，就算不上霸王軍隊。霸王軍隊攻打大國用兵迅速，會讓對方措手不及而無法集結；軍威指向敵人，敵人的盟邦就不敢去支援。因此，不必爭著與諸侯結交，也不必在他國培植自己的勢力，只要伸張自己的戰力，軍威指向敵國，就可以奪取其城堡，可以毀滅其國家。

創意思維不拘一格

部屬有特殊功績，就要破格晉升獎勵；遇有特殊狀況，就要打破常規跳脫既有框架，不可一成不變。指揮三軍部隊，就像指使一人行動自如而靈活。交付任務，不必說明意圖；下達命令，告訴他有利的部分，不必告訴他有害一面。讓他置身危地，才能轉危為存；讓他陷於死地，就會拚死求生。讓軍隊陷入危急險地，才能轉敗為勝。因此，領兵作戰，要能詳察敵情、瞭解敵人戰略企圖，同仇敵愾，集中全力指向敵人某一處，這樣即使千里追擊就能斬殺敵將，這就是所謂巧妙運用機智而成就大事。

指揮藝術因敵制宜

所以，在決戰前夕，先要封閉關口，銷毀通行證件，停止敵國使節來往；同時在廟堂上周密謀劃，誓師聲討以激勵三軍將士。敵人若出現有可乘之機，要迅速趁虛而入。首先奪取敵人要害，而不要與敵人約期會戰；隨著敵情變化而靈活因應，以決定作戰方針。

因此，戰爭開始之前要像姑娘般柔弱沉靜，誘使敵人放鬆戒備，暴露弱點而出現可乘之隙。行動之際要像脫兔一樣迅速攻擊，讓敵人措手不及抗拒。

指揮官因地制宜的應變之道

面臨不同地勢的處境，士兵的心理狀態會產生不一樣的變化，如何因地制宜？如何運用有利的地勢，作出正確的因應作為，都是現地指揮官的要務。現地指揮官面對身處九地不同的情境、基層心態與應有對策，例如：

散地：侵門踏戶、家門起火，此時人心渙散，根本無法專心作戰，因而體會到要決戰於境外，避免我們的家園成為戰場，甚至淪為敵人的靶場，後果絕非遭池魚之殃而已。

輕地：攻入敵人領域不深，此時離家不遠，如果稍遇有挫折，即會缺乏鬥志而想開小差，因此不能停留、不要久留，要快速前進。

爭地：誰先占領誰得地利，此為兵家必爭重地，搶先插旗先占先贏，此地一級戰區，競爭非常激烈，一山不容二虎，因此要爭搶頭香，雖有風險也要搶先對方插旗落地生根。

交地：四通八達、自由進出之地，雙方容易交鋒，因為容易被攔截、衝散隊伍，因而常常喊著要團結，絕不能被分段切割香腸、被分散實力。因此要採遠交近攻，要彼此呼應支援。

衢地：是多國接壤之地，關係複雜，因此必須敦親睦鄰，促進友好關係，重視外交敦睦聯誼，廣結善緣，才有堅若磐石的靠山。

重地：是深入敵境，地形地物不熟，故難以精準掌握狀況，容易陷於孤立無援的境地。此時此地離家很遠，只能就地取材，創造機會。

圮地：是山林險阻沼澤、進退兩難無助之地，容易遇到敵人埋伏，因此要快速通過，脫離現場為要。畢竟，危邦不入，亂邦不居。

圍地：是入口狹隘，出口曲折，對方可以寡擊眾，我方易被包圍

之地，會讓人心驚肉跳。在時時驚魂不定的關鍵時刻，要設法突圍。

死地：拚命才有生機，不戰會被殲滅，機會是零和遊戲；前有追兵，後無後路。此時人心恐慌，只有接受挑戰，要設法激發潛能，才有可能死裡求生。

一般用兵指導原則

隔離對手，孤立對方的策略有六種方法：一、使敵人前後的隊伍跟不上，而陷於孤立無援；二、讓對方大小部隊無法互相依靠、彼此支援；三、讓對方團隊離心離德失去互信；四、讓對方長官與部屬無法互相救援；五、切斷上級單位和下級單位通訊；六、讓士兵成為烏合之眾。

六種隔離戰略以外，還有四種戰略要領：一、一切軍事行動要以國家利益為依歸；二、奪取敵人賴以生存最重視的條件；三、把握機會，迅速行動；四、選擇他人意料不到的地方下手，攻擊時則選擇敵人疏於防備的地方。

至於深入敵境的用兵之道有五：一、越深入敵軍腹地，越要專心一致謹慎作戰。二、深入重地就可以掠奪對方糧食補給。三、要讓軍隊有休養生息的機會，不使他們疲勞過度。四、養精蓄銳，集結力量。五、設計謀略使敵人無法預測我軍的企圖，難以瞭解我方的虛實，簡單講就是保密防諜。

士兵的戰場心理有四：一、置於無路可走的境地，士兵一定是打死不退；二、連死都不怕，就會全力奮戰。三、陷入極其險境，就無所謂害怕。四、知道無路可走，軍心反而穩固。五、深入敵國，彼此會團結而人心不散；六、到了不得已情況，全軍上下就會拚命戰鬥。七、禁止迷信謠言的傳播，消除士兵心中的疑慮。

而將領的領導之道：本身神態氣定神閒、老神在在、全盤掌握，

有必勝的勝算，因而處事公正，治理嚴謹；對內隱密自己，愚弄士兵，讓人對於行動一無所知；對外則機動調整戰術，使人無法識破真正意圖；駐地及行經路線常作必要改變，讓人捉摸不定。軍事機密不能外洩，要讓人不測。

故事

【故事一】警察的「海底撈月」戰術

　　中國功夫門派眾多，招式更是不計其數，有一招難登大雅之堂，但威力甚大，能一招致敵，就稱為「絕招」。

　　話說臺北市政府警備隊接獲導勤室指令電話稱：「萬華萬花樓酒樓有個外國人因酒醉被拒絕接待，心生不滿，在酒樓門前馬路上大吵大鬧，當地派出所無法處理；通知外事警察，又因為那外國人不會講英文，無法溝通，所以由你們派員支援。」

　　那時警備隊編有機動派出所為機動警力，上級既有命令，這事無處可推，難辦也得硬著頭皮前往，到現場再隨機應變。

　　當車子到達現場時，只見一位彪形大漢在比手畫腳大吵大鬧，周圍馬路上圍滿圍觀的群眾。衡量當時情形，如果用直接手法難以制伏，到時落個丟人現眼，因此只有智取，先拖延時間，再思索辦法。

　　派去現場的其中三人下車，兩人在醉漢面前與其理論，雞同鴨講，不但無法勸阻，反而使他變本加厲！一名叫康德根的同事，藉著勸退圍觀群眾機會，繞到大漢身後，趁其不備，一隻手穿過褲襠，向上一兜，兜住其下體，這一招「海底撈月」，既準又狠，痛得老外哇哇大叫，舉起雙手，示意投降，你們該放手吧！如果這時放人，等於縱虎歸山，難以收拾。於是趁此機會，用帶來的捕繩將其綑綁，為了爭取時間，哪管什麼「十字結法」等手法，綁好後，押解上車，圍觀群眾鼓掌大笑，我們在歡笑鼓掌聲中離開現場，將其送往陽明山招待所。

　　不久，又接到指令電話，中山北路美軍軍官俱樂部（中山北路酒泉街口一現在足球場）。有個外國人因酒醉被拒絕入場，與美軍憲兵發生爭執，因其不會講英文，希望我們前去處理。所描述情況與上次相

同，隊上就派上次原班人馬前去處理。車子抵達現場，俱樂部門前空地集滿了美軍與眷屬，都想看警方如何處理？這時醉漢也看到我們了，真是冤家路窄！醉漢二話不說，雙手護著下體，自動跑上警車。現場看熱鬧的觀眾看到這一幕，都愣在現場，你看我，我看你，猜不透這是怎麼一回事？

（作者劉錝，《警聲月刊》第388期）

【故事二】懂得人情世故很重要

陳隊長過去是新竹市警察局高階主管，在抗SARS期間身為業務主管，忙得不可開交，為了同仁執勤安全，四處打聽，居然買不到口罩而深以為苦。

他不得已，私下找好朋友藥局老闆，問他何以不賣口罩給警察局？老闆老實回答：「賣給公家機關，往往三個月後才收到款」。於是他二話不說，自己掏腰包，拿出二十萬元現金押在藥局，當天立即買到口罩，立刻解決員警執行勤務的口罩問題。可見有錢好辦事這句諺語依然適用──The old adage that "money talks" still holds true.

公務員一再被要求依法行政，的確是法治國家應有的執法態度。但有些時候，遇到特殊情況，「公事私辦」往往更能迅速解決問題。這個朋友有自己的家族事業，從公以來廉能自持，想法靈活而做法不拘形式，難怪迄今一直都是長官的得力助手。

【故事三】蘭花大盜深通狗性

多年前臺北市發生轟動一時的名醫百萬蘭花被竊案。

當時的百萬名蘭，價值相當於現在的一億元，因此案發後，各級長官無不限期破案，整個分局都承受很大的破案壓力。當然辦案人員

個個全力以赴不在話下，然而案情始終毫無進展。直到六個月以後，警方接獲一通電話才順利循線破案。

之所以會成為犯罪人與被害人，都與自己的個性有關。這位名醫愛蘭花成迷，經常跟蘭友時相來往聚會，而且在他的醫院旁邊騰出空間，建造一間蘭房，裡面蒐藏名蘭上百株。這個蘭房有兩道門鎖，其中一處靠著馬路邊，另外一處則與醫院相通。為了防範小偷光顧，兩處都有加裝大鎖，而且重金買到德國種兩隻大狼犬把關。這樣注重保全的做法還是百密一疏。刑案現場勘查：蘭花被竊一空而兩隻凶猛的狼犬卻毫髮無傷。門窗也沒有遭到破壞；而前一天晚上也沒有聽到任何狗叫的聲音。

名醫損失慘重，氣急敗壞跑到分局長辦公室報案。分局長派人到現場勘查後召開多次專案會議，都苦無線索。莫非小偷隱身有術或是狗被下了迷魂藥，或是原來的狗主人回來偷竊。總之，大家百思不得其解，就是遲遲無法破案。

春去秋來，五個月過去了，案情依然膠著不決，看似破案無望了。未料案發後第六個月，峰迴路轉。辦案人員接獲一通神祕電話，告知嫌疑人可能是某甲，後來果真因而破案。

原來嫌犯也是蘭友，他經常拜訪愛蘭之家。這位名醫家裡有名蘭早已不是新聞；於是某甲透過管道，與朋友同時進入蘭房觀賞的時候，就覬覦其中名貴蘭花。他很仔細地觀察四周環境，發現只要能夠制伏兩隻狼犬，就可以在馬路旁邊輕易開啟蘭房大門而登堂入室行竊。因此他回家後，在狼狗身上動腦筋，研究揣摩狗兒習性。

正好竊嫌在新竹有從事訓練狼犬的朋友，而且飼養狼犬十幾隻。他花一個月時間，天天與狼犬一起活動，進而接近母狼犬，訓練牠們聽命指揮。時機成熟了——某甲終於等到其中兩隻母狼犬發情，決定執行「春日遊，蘭花吹滿頭」計畫。某甲於是編個故事詐騙狼犬主人，

帶走了兩隻發情的母狼犬，夜奔臺北名醫的蘭房。按：母狗發情期大約十天，而狗的嗅覺是人類的百倍以上。母狗距離公狗五十到一百公尺的時候，公狗聞到母狗散發出來的特別味道，就不會發出吠聲，渾然忘了本分職責。

當晚某甲把貨車停在靠近名醫蘭房的路邊，用萬能鎖打開門後，將發情的母狗與公狗送作堆。牠們交配時間大約半小時，絕對安靜無聲，享受狗與狗之間的連結，更不可能攻擊任何人。就在這寶貴的三十分鐘內，某甲把蘭房內名花搬走一空。等著狗兒完事以後，再把母狗帶回車上揚長而去。

幾個月以後兩隻母狗生下小狗十隻，其中八隻高價賣給愛犬人士，剩下兩隻由他與訓練警犬的朋友分享。

《老子》教我們為人不要高調，教有錢人要深藏若虛。這件重大竊案發生將近半年，看似沈寂而無人注意。六個月以後，峰迴路轉，時間一久某甲漸漸失去警覺性，逢人到處吹噓他的小狼犬如何如何。然而言多必失，隔牆有耳，正好被作客的刑警友人聽到，直覺懷疑他與名醫的蘭花竊案有關聯，終於幫助警察破獲這起重大刑案。

名醫愛蘭成痴，如果他懂得「深藏若虛」無人知，怎麼會失竊？如果竊嫌偷來而一直沉得住氣，名蘭也「深藏若無其事」，警察恐也無法破案。本案的發、破，印證了「天網恢恢，疏而不漏」。

【故事四】吳王僚死於「美食刺客」

楚國人伍子胥逃到吳國，為了報父兄被殺之仇，推薦勇士專諸給吳國公子光驅策。公元前五一五年楚平王病死，吳王僚決定趁楚國國喪之機偷襲，於是派遣弟弟蓋餘、燭庸出兵。

此時吳王僚的親信都在外，伍子胥與公子光策畫刺殺王僚。

公子光在府中密室埋伏勇士，再邀請吳王僚來享受美食。吳王僚

在赴宴途中沿路布署重兵；酒酣耳熱之際，公子光藉口腳傷疼痛，趁機離席脫身，退藏在重兵保衛的府中地下密室。

而專諸依計出場，端上剛烤好的美味炙魚。當專諸走到吳王僚前撕開魚肚之際，以迅雷不及掩耳之勢取出魚腸劍，刺向吳王。鋒銳利劍迅即穿透吳王身上三層護甲，吳王當場斃命。

其實吳王僚受邀宴前也有些擔心，他曾對母親說起這件事。他母親分析：「我看公子光最近的情緒怏怏不樂，常出現有羞愧而怨恨的臉色。」因而勸兒子不可不小心防範。真可惜，吳王僚未能急流勇退「鴻門宴」而慘遭殺身之禍。

吳王僚雖有危機感，為何敢受邀赴宴？因為他實在太愛吃美食，尤其特愛享受烤魚的美味。《吳越春秋》記載專諸與公子光曾有一番犀利的對話，他竟主動提問公子光：「凡欲殺人君，必前求其所好，吳王何好？」在得知吳王僚貪吃美味佳餚的寶貴情資後，專諸緊接著再問最愛哪一美味？原來吳王最愛烤魚這一味！這正是專諸想要知悉的重要情資。

既知吳王最愛吃魚，於是專諸跑到江蘇太湖邊，尋找最好魚類，認真拜師學藝做烤魚，學了三個月，終於變身為烤魚美食家。因此，公子光主動邀請，吳王怎不食指大動、垂涎欲滴？

雖有母親臨行前的善意提醒，竟沒有發揮臨門一腳的喚醒效果，未能攔下吳王赴美食死亡之約。歸根究柢，吳王僚外困於楚國，內無骨鯁之臣，加上一心想要奪權的公子光虎視眈眈，卻沒有繃緊神經，全力做好應急準備。更不幸的是，他的最愛被人偵知，更轉而為智勇雙全的專諸所探悉，終於成為他的罩門大害。

現代人天天陷身於網路資訊，雲端資料全都露，有人卻常常喜歡公開分享「我的最愛」，到處打卡照相，唯恐天下不知。試想專諸既鎖定目標，又刺得可靠的情資，找到了對象的要害，再有方法、有步驟

的謀劃，步步到位地推演進行，終於一擊必殺。

吳王至死仍不知他的最愛，反而是他致命的大害，歷史的教訓真是深刻難忘。

【故事五】僖負羈夫人的深謀遠識，避開「黑天鵝」的追殺

曹國大夫僖負羈的夫人，見微知著，即時因應部署而化解了日後的家族危機。

春秋時期，晉國公子重耳是晉獻公與北狄女子生下的孩子。晉獻公二十一年，太子申生被驪姬害死，驪姬又誣告公子重耳下毒，盛怒的獻公下令拘捕重耳；年已四十餘歲的重耳，連夜趕逃北狄避難。他們路過曹國，曹共公聽說重耳的肋骨併成一塊有異相，非常好奇，趁著重耳沐浴的時候，微服偕同近臣數人在窗邊偷窺重耳。重耳發現情況有異後，深感被人羞辱，非常的憤怒。消息傳出後，僖負羈憂心忡忡的返家，僖夫人得知曹共公無禮而窺人隱私，特別有敏感度，激起了高度的警覺性。

心思敏銳的僖夫人立即告訴丈夫：「我觀察晉公子重耳的隨員，個個才氣過人，未來一定都能出將入相；這位公子能得到那麼多人才的追隨輔佐，未來必定能光復晉國，會有飛黃騰達的一天。屆時晉國大治而國力強盛，各國諸侯都會去示好。而今天你們竟然那麼幼稚而得罪了他，以後重耳登大位得勢後，一定會展開報復行動，那時曹國必定首當其衝。你還不快未雨綢繆地去結交晉公子，才能有備無患，預留退路。」她建議僖負羈快去送食物數盤致意，並且在盤中暗藏玉璧，以示友好見面禮。曹國大夫僖負羈聽了嚇出一身冷汗，當晚急忙備禮拜見請罪。

曹國大夫僖負羈之妻的預判果然成真。當時晉懷公領導無方，君

臣互相疑忌攻訐，國內亂成一團。晉懷公逃亡在外，旋被追兵殺害。重耳在楚成王、秦穆公等大國的協助下，重返晉國，被立為國君，是為晉文公。那年重耳已六十二歲，在外流浪足足十七年。

公子重耳在外流浪多年，遭到不少白眼，備極艱辛。他當上晉國國君，勵精圖治。不過，晉文公一刻都沒有忘記那些年在外流浪的艱辛歲月。如今實力強大，決定有恩報恩，有仇報仇。第一個要報復的對象，就是對他極其無禮而羞辱他的曹共公。晉文公下令圍攻曹國，要曹共公認罪。然而，晉文公同時下令禁止任何人闖進僖負羈家裡，同時赦免其族人，以報答當年僖負羈的恩惠。

啟示：僖負羈及其家族能倖存而保家活口，追根究柢，完全得力於僖負羈的妻子——懂得人情世故，流露與生俱來的母性關懷，才是僖氏族人性命存亡的大功人。僖負羈之妻有遠識，見微知著，而懂得及時防微杜漸，避開「黑天鵝」的迫害，真是深謀遠慮的最好例證。

【故事六】袁盎不察「易其居，迂其途」而喪命

年前中東恐怖分子的謀殺名單中，其中一人逃過死劫。原來他每天上班前，都習慣先到樓下停車場東張西望一番，又在路口觀前看後，這些動作都被埋伏的恐怖分子看在眼裡，於是把他評估為具有高度危機意識的人員，終於將他除名於暗殺名單。這就是作息有變化，心存危機意識的人，救了自己一命。

漢景帝時代有一位太常袁盎，身列九卿高位；太常負責有關朝廷、宗廟的各種禮儀活動，他十分重視君臣相處應有的禮節，又總愛直言勸諫、慷慨陳辭。有一次梁孝王請求漢景帝讓他繼承帝位，景帝詢問袁盎意見後，此事不了了之。由於他仗義執言，捍衛中央法統，以致得罪了梁王。

梁王派刺客到京城追殺袁盎。第一位刺客在暗殺前，先去探聽袁

盎的為人，很多人對他讚口不絕，而不忍錯殺好人，特地求見袁盎，表明自己是拿了梁王的錢來行刺的，但不忍對他下手。不過，刺客特別醒袁盎，後面還會有刺客十餘人，因此近幾天要特別小心提防。過沒幾天，袁盎在回家的城外路上，果然被梁國刺客殺死。

啟示：周亞夫為了平定吳楚七國之亂，先從長安出發經洛陽到滎陽會師。有人向他示警要繞道而行，以避免函谷關、崤山一帶有人行刺。周亞夫從其計，抵達洛陽後，果然從函谷關等地搜得刺客。軍人出身的周亞夫果然比起文官的袁盎，更具有風險意識，才能逃避刺客的暗殺行動！

【故事七】陳平「上屋抽梯」幫助警察破案

有毒品、竊盜多項前科的劉姓男子，在清晨六點的時候與少年以及綽號「土匪」男子，駕著偷來的轎車，在屏東縣恆春鎮某個酒店前面搶奪婦人的皮包。

他們三人得手以後，開著車沿著屏鵝公路向北逃逸。恆春分局據報以後，立刻通報線上巡邏警網展開追捕。三個歹徒在慌亂中撞上了一位機車騎士，然後棄車分頭逃逸。

警方發現少年，對空鳴槍，少年乖乖就範，劉姓嫌犯與「土匪」逃入附近的蓮霧園。警方不斷呼叫增援警力加入圍捕行列，並且透過村辦公室的擴音器不斷廣播：「我們村裡藏有兩名搶劫犯，特徵是穿黑上衣、長褲，如果有人發現，請立即報警處理。」

約三十歲的村民陳平要去蓮霧園工作，巧遇到嫌犯跟他招招手，並詢問車站怎麼走？陳平見他一身的泥濘，穿著與廣播描述的特徵很相像；於是很機警的回答：「到車站很遠，彎來彎去，不好找，乾脆我用機車載你去好了。」嫌犯不疑有他，就急著坐上機車。

陳平研判他形跡可疑，既已騙上「賊船」，就故意繞著小巷走小

路，一直騎到枋寮警察分局前面，才說：「車站就在前面！」然後告訴在分局門口執勤的警員說：「這個人就是搶劫犯！」嫌犯正企圖要跳車逃走，但被壯碩的陳平緊緊地夾在後座，再也動彈不得。原來他是憲兵退伍，對於疑人疑事就很機警。

這個案例的啟示：這位退伍憲兵正如警察團體的巡佐、小隊長，他們人生經驗豐富，歷練多又會活用兵法，即使未讀過《孫子兵法》，也運用自如爐火純青，輕輕鬆鬆讓歹徒束手就擒。民間流傳《三十六計》「上屋抽梯」，就是給予對方捷徑、打開了方便之門，其實利誘對方貪圖便利而上梯，再抽梯切斷其後路，使他陷入絕境而無路可退，只有坐以待斃。

【故事八】支援桃園機場，警車被翻覆

一九八六年十一月三十日發生桃園機場事件，支援警車被翻覆，成為電視媒體重大事件。

這天，被列黑名單的許信良與謝聰敏、林水泉三人，在日本成田機場準備搭機入境臺灣。因為國泰航空拒絕他們登機，許信良三人無法返臺。消息傳開，民進黨發動約千餘位支持者至桃園機場聲援。軍警於是在桃園機場外設路障，阻止支持群眾進入滋事，此外鎮暴裝甲車來回不停在機場四周穿梭，且調度憲兵鎮暴部隊來鎮壓，鎮暴憲兵手上拿著齊眉棍。鎮暴部隊個個帶上防毒面具，瓦斯車、消防車隨行壓陣。同時還有軍用直昇機在上空盤旋。

情勢緊張，容易爆發衝突。有幾十部警車開入遊行群眾，被群眾包圍得動彈不得，雙方因此爆發衝突。軍警以噴水車噴射加入紅色顏料的水柱，意圖驅離群眾、標記抗議群眾身分，群眾也以石塊反擊。臺北縣警察局臨時指揮部分分局派員支援，由於事出突然，大家沒有心理準備，沒有多餘時間思考，更不知前方狀況。支援分局只被要求

線上預備警力快速前往桃園機場支援。三峽分局也支援二部警車，在半途中誤闖抗議群眾圈，有的被惡意翻覆，有的員警被憤怒而失控的民眾圍毆洩氣，副分局長也負傷住院。

最要命的是情資不明，臺北縣警察雖知桃園機場的行進路線，卻不知地形地物與群眾聚集抗爭的最新情資，以致單純認為只是一般支援警力，因而誤闖抗爭群眾，其下場可知。

啟示：任何行動，必須先熟悉地形地物，否則形同瞎子摸象，只知其一而不知其二。多年前臺北市北投分局副分局長奉命支援城中分局處理群眾事件，誤闖抗爭群眾而受被困。臺北市支援自家勤務，如此熟悉的環境尚且如此，何況支援「入人之地深，背城邑多者」的桃園重地？地形熟悉度與情報正確性，缺一不可，否則就是盲動。

第十二

火攻 篇

原文

　　孫子曰：凡火攻有五：一曰火人，二曰火積，三曰火輜，四曰火庫，五曰火隊。行火必有因，煙火必素具。

　　發火有時，起火有日。時者，天之燥也；日者，月在箕、壁、翼、軫也。凡此四宿者，風起之日也。

　　凡火攻，必因五火之變而應之。火發於內，則早應之於外。火發兵靜者，待而勿攻；極其火力，可從而從之，不可從而止。火可發於外，無待於內，以時發之。火發上風，無攻下風。晝風久，夜風止。凡軍必知有五火之變，以數守之。

　　故以火佐攻者明，以水佐攻者強。水可以絕，不可以奪。

　　夫戰勝攻取，而不修其功者，凶，命曰費留。故曰：明主慮之，良將修之。非利不動，非得不用，非危不戰。主不可以怒而興師，將不可以慍而致戰。合於利而動，不合於利而止。

　　怒可以復喜，慍可以復悅，亡國不可以復存，死者不可以復生。故明君慎之，良將警之，此安國全軍之道也。

五種火攻方式

孫子說：火攻有五種，一是燒殺敵方人馬，二是焚燒敵方積聚糧草，三是焚毀敵軍武器、裝備，四是火燒敵方的武器倉庫，五是燒斷對方的運輸線。

如何發動火攻

實施火攻有條件，點火器材平時要備好，發動火攻要選擇適宜的時節，點火要算準正確的日子。所謂時節，是指氣候乾燥容易燃燒的季節；所謂日子，就是月亮行經箕、壁、翼、軫四星宿的位置。大凡月亮行經這四個星宿的時候，都是會起風的日子。

火攻時，要根據五種火攻後引起的變化，而採取因應配合措施。從敵營內放火，派兵在外配合策應、圍擊；火勢已經燒起來，如果敵營沒有動靜，要靜觀其變，不可貿然進攻，以免中計；火勢燒到最旺時，如果亂成一團就可以進攻，如果毫無動靜就按兵不動；火攻也可以在敵營外圍縱火，不必在對方內部放火，只要縱火時機成熟，就應及時縱火；要在上風放火，不要從下風出擊；白天颳風時間較長，晚上風勢就會停止。軍隊必須熟悉五種火攻的變化運用，就要懂得等待適當條件成熟時進行火攻。

火攻比水攻更有破壞力

用火輔助進攻，取勝的效果顯著，用水輔助進攻，力量強大。水攻會氾濫成災，可以阻絕敵軍，但不能奪取敵軍。

水火無情，要保持戰果

打了勝仗，攻取敵人土地、城堡，如果不及時獎賞有功、鞏固戰

果，而只想坐守其利，其後果將十分凶險，這叫作「費留」——浪費時間、白費力氣又可能留下禍患。所以說：英明的君主要慎重考慮國家大事，賢良的將領要認真處理軍事行動。沒有國家利益，就不要興師動眾；沒有必勝把握，就不要發動戰爭；未到迫不得已，就不要開戰。不可一時憤怒就發動戰爭，將領也不能一時怨恨就下令出戰。符合國家利益才可以出兵，不符合國家利益要停止行動。

先整理心情再處理事情，千萬不可意氣用事

因為一時憤怒可以轉化為高興，一時怨恨也可以轉為喜悅，但是國家亡了不可能再生，人死了不可能再活。因此，明智的國君對待戰爭要慎重考慮，賢良的將領對於用兵要自我警惕，這才是安定國家、保全軍隊的關鍵。

要義

兵凶戰危，火攻為烈

水火無情、刀槍無眼，都是兩面刃。

兵凶戰危，火攻為烈。明朝宰相張居正指出：「以火攻人，為禍慘烈。」因此，孫子首先說明火攻種類、條件；其次列舉火攻要領、注意事項；最後，點出領導者、戰地指揮官應有的修養與情緒管理。

火攻有條件：首先，火攻的火種、器材，平時就要準備堪用。其次，火攻要選擇天乾物燥的季節，選對起風的時機。再次，火攻要因應敵人的變化而靈活運用，才能「百戰不殆」，立於不敗之地。

用兵如火，要保持戰果

戰爭是殘酷的行動，而發動戰爭者是三軍統帥，執行者是戰地指揮官。因此，孫子對於將帥，提出三點警告：

第一，要速戰速決，遠離戰場，並且保持戰果，以收全勝宏效；不可只見寸功而得意忘形，導致前功盡棄。當然，其中蘊意領導者要修道保法、持盈保泰才是真正的全勝，否則結局大為不利。孫子說：「夫戰勝攻取，而不修其功者，凶，命曰費留」。「修功」就是戰後要保持戰果，讓軍民休養生息，得到真正的和平，如約法三章、文景之治。

「費留」就是白費力氣做白工，又浪費資源，不僅前功盡棄，也可能遺留無窮後患，如項羽進入關中以後縱容士兵燒、殺、擄、掠，與劉邦約法三章，全面安撫人心，進而掌握話語權成了強烈對比。因而打仗要速戰速決，爭取勝利，安定民心而脫離戰場為上。

第二，對於國家利益有幫助，經過廟算而有必勝的把握，或面臨國家存亡之秋而且符合國家利益，才可以發動戰爭。

先整理心情，再處理事情

第三，國家元首或指揮官要戒急用忍，千萬不可意氣用事，輕啟戰爭，否則等事後心頭冷靜下來，後悔已來不及。

最後，孫子認為水火無情，火攻後果尤其慘烈，民命麋爛。戰爭的結局哪個地方不死人，一定是一幅生靈塗炭、流離失所、家庭破碎的人間煉獄圖。因此，「明主」、「良將」勢必要好自修為，管理好自己的情緒，深自節制警惕。

故事

【故事一】白冰冰誤解局長王進旺的慈悲

那年陳進興、高天明等殘暴惡人綁架白曉燕，進而撕票殺了無辜小女生，後來變本加厲不斷流竄大臺北，肆虐為惡，到處行凶殺人、強暴無辜婦女；由於警方一時無法破案，震驚全臺。警政署長背負難以言喻的壓力，雖動員全臺各縣市警力，仍遲遲無法破案。全民不滿治安的怒火燒至內政部、行政院，更讓總統府為之不安。輿論無情批評判警察工作不力，遲遲無能破案，警政署長終於黯然下臺。

在南非武官卓懋棋官邸攻堅的一幕，記得當時臺北市警察局刑警大隊長侯友宜先生頭戴防彈頭盔，身穿防彈背心而抱著小女孩進出凶險之地的動人身影，感動了多少守在電視機前的廣大民眾，人人為之動容。

極少人知道現場真正指揮官——警察局長王進旺決策的心理煎熬。例如謝長廷以律師身分進入南非武官官邸，是否要穿防彈衣？前線指揮所高階幕僚都力主要穿防彈衣；然而謝氏不肯穿。當然當時警政署長說，由王局長決定吧！又如九歲女孩跑出官邸，又要進去高風險的危地，由誰決定同不同意她入房間冒險？燙手山芋又丟給局長。再如維安特勤隊潛入地下室，被卓太太看見了，情況更行緊張，前線請示要不要處決陳進興？局長問特勤隊長有無一槍斃命的把握？隊長回以應該有這個把握，語氣卻不是十足堅定，局長於是下令不准開槍殺人。

警察局長的不作為決定，讓苦主白冰冰當時很不諒解，認為沒有就地正法，讓這凶嫌又多活了兩年。後來經過王局長當面深入說明決策的心路歷程，白女士才選擇諒解，並與王局長成為莫逆之交。

最令人讚嘆的是王局長的慈悲與謙讓。破案後，立即在行政院舉

行國際記者會，記者上百人，萬方矚目，局長謙辭參加記者會。

第二天，他默默帶著一籃一籃水果，親自到案發現場附近住家逐一致歉，打擾了。同時把現場街巷打掃乾淨（記者、圍觀及警察人員留下的垃圾、煙蒂、廢棄物），並將被破壞的地方加以維修，恢復原狀，這些幕後工作，外人不知。

孫子：「夫戰勝攻取，而不修其功者，凶，命曰費留。」王局長未必讀過這句兵法訣竅，但他以身作則、做到位了。

【故事二】署長以水佐攻，化解危機於無形

第一位警察出身的警政署長莊亨岱先生，由於他不是刑事系統出身而當上刑事局長，讓很多人跌破眼鏡，莊署長上任後滿是外在治安挑戰與內部質疑。警政龍頭遇到號稱「治安內閣」的郝院長，面臨許多挑戰。

民國八十一年民眾聚集數千人，發動四一九大遊行；占據臺北車站多日，輿論怨聲載道，政府與民代要求警方強力驅逐示威群眾，警察面臨各方壓力紛來不止。

如何驅散靜坐馬路的群眾，恢復正常交通秩序？莊署長出其不意，指示用噴水車取代過往的鎮暴車，改以軟性往地上放水，濕透群眾而坐立難安，因而自動離開現場。如此柔性驅離，將一場風雨滿樓的困境，消弭於無形。

【故事三】劉邦不戰而屈人之兵，項羽戰勝攻取而不修其功

秦末烽煙四起，在江蘇沛縣的劉邦只是一名地方治安主管，後來參加反秦戰爭的洪流，竟成為第一個進入咸陽，接受秦王子嬰投降的起義軍首領。

　　劉邦長年的警務工作，使他在面臨殘酷的滅秦作戰使用的戰略，與他敵手項羽有著顯著差別。歸納而言：一、劉邦仁愛，是打著「扶義而西」的旗號，他多用「約降」的策略。各地的起義軍中唯有劉邦，展現了「仁而愛人」的「長者」形象，不戰而屈人之兵，使秦王子嬰主動投降。二、項羽的軍事行動非常暴虐，多用屠城解決問題，例如他在河南新安城南，活埋了秦朝降兵二十多萬人。

　　西漢元年十月，劉邦大軍從東邊的江蘇，一路走到陝西的霸上，快要靠近咸陽宮。秦王子嬰知道大秦氣數已盡，決定走到霸上，等待劉邦大軍，以便親自向劉邦謝罪投降。

　　劉邦接受秦王子嬰投降後，隨劉邦進入咸陽的老將軍們個個情緒激昂，執意要劉邦立刻殺掉秦王子嬰，而劉邦則設法不斷安撫。劉邦說：秦王子嬰都已經投降了，我們就沒有再殺他的理由。如果殺了子嬰，反而會招來不祥災難。

　　劉邦這番情、理兼備的柔性喊話，果然把將領心中的怒火給全都澆熄。但是晚劉邦一個月入關中的項羽，一入關中就把秦王子嬰給殺了，還在咸陽城裡殺、燒、擄、掠。

　　接著劉邦進入咸陽宮後，宣布要入住秦宮。但經樊噲、張良勸阻，劉邦立刻醒悟，便查封宮中寶物，登記造冊後，下令全軍退出至霸上紮營。劉邦離開咸陽宮前，查封宮中財寶，登記造冊，也是警察一貫善後的執法理念。

　　劉邦處理秦王子嬰投降時，已展現四個美好的特質：一是危機處理的智慧：安撫並解除情緒將要失控的老將，化解老將要殺秦王子嬰的堅定意志。二是聽進逆耳之言，立即自我約束：他號令全軍退出咸陽，駐紮霸上。三是避免後患：查封咸陽宮一切珍寶、物品，作為日後解決鴻門之危的憑藉與籌碼。四是維繫咸陽城的安定：全軍退出咸陽，駐軍咸陽城外的霸上，既可免除咸陽城人民對軍人的敏感，還能

替百姓鎮守前線，更能避免軍民衝突的潛在危機，以確保百姓的生命財產安全。

以上四點，都是劉邦當機立斷的預防危機決策。劉邦因為能放棄對秦朝的仇恨屠殺，而採用和平理性的安民手段，才使他在接收秦王的投降上，能展現出空前的溫和，也免除了一場血腥的流血戰爭。

從這段歷史裡，我們可以學習到的經驗是：一是劉邦因為忠於他的警察工作，使他在反秦戰爭中，可以不倚靠兵力，反倒是由於民心向背的支持，而取得了節節勝利。二是劉邦的警民合作思維，才能在泗水派出所以外，一路從江蘇發展到陝西。三是爭取民心，劉邦戰勝功取而修其功。而項羽因為「戰勝攻取而不修功者凶」，最後失去民意支持而兵敗垓下。

【故事四】情緒管理很差的飛將軍李廣──霸陵尉冤死事件

漢武帝為了替父祖雪恥，興兵教訓匈奴，苦心經營的第一次馬邑之戰，由於匈奴的情蒐能力更勝一籌，漢朝徒勞無功而悄悄落幕。

四年後，漢武帝任命李廣從雁門出兵征伐匈奴，李廣寡不敵眾。匈奴單于知道李廣很有才氣，下令只能活捉，不能射死，所以他雖力戰受傷而被俘。

李廣戰敗被俘，軍隊嚴重傷亡，按照漢朝法律規定交付審判，罪當斬首，但是李廣出錢五十萬兩贖抵死罪，被免官貶為一介平民，隱居在家。

李廣去官免職，居家數年，平民身分的李廣隱居在藍田南山中，終日射獵遊戲，縱情山水之間。有一次，他帶著一名舊屬到野外找老朋友喝酒。酒足飯飽後的李廣不想住農舍想回家，但是夜深人靜，城裡早已實施宵禁。李廣酒喝多了，回家經過霸陵縣，這個縣設有霸陵

亭，由霸陵縣的縣尉負責保護文帝陵墓的安全，同時主管緝捕盜賊。

好巧不巧，這個主管緝捕盜賊的縣尉當晚也喝酒喝醉了。所以當他看到李廣走近，馬上喝斥李廣下馬，不准通行！李廣的跟班就跟霸陵尉求情：「這位是前任的李將軍」，請通融進城。

霸陵縣尉不識相，但他依法行政不買帳，只是酒後多失言，他放狠話說：「宵禁規定不能夜行，就算是現任的將軍也不許放行，何況你是卸任的將軍！」

李廣當場被拘留，在驛亭度過人生最屈辱的一夜。遙想當年，李廣將軍率領成千上萬軍隊征伐匈奴，所到之處如入無人之境，而且是匈奴號稱「飛將軍」的首席英雄人物，當晚竟栽在一個小小的霸陵尉手上，他自覺受辱，在外夜宿這人生最漫長的一夜。

過了不久，匈奴又來犯邊侵犯遼西，殺死遼西郡太守，打敗韓安國將軍，韓將軍改調右北平太守，不久氣得吐血而死。這時候，漢武帝下詔起用「飛將軍」李廣，遞補右北平太守。

李廣奉命領軍後請求漢武帝，允許霸陵尉一同前去討伐匈奴，武帝不疑有他，欣然批准。可憐的霸陵尉早已忘記前塵往事，立刻前去報到。李廣看到當年的仇人，分外眼紅，當場立刻斬殺，李廣快意公報私仇。

霸陵尉被害事件，反映出李將軍的情緒管理實在很差。

霸陵尉之死，死得冤，李廣夜宿霸陵後公報私仇，是一個情緒管理很突出的負面案例教材。個人情緒的管理，自己負責，如果連自己的心情都沒辦法安頓妥當，哪有辦法去處理公務？

「主不可以怒而興師，將不可以慍而致戰」，武帝的怒而興師、李廣的慍而殺人，還有霸陵尉的冤死，都值得後人深思。

【故事五】個性倔強，害死了戰神白起

　　沒有哪個地方不死人。統計秦國超級戰將白起領軍斬殺韓、趙、魏三國超過九十五萬人。這位戰國時期名將真是軍事天才，也是殺人機器，尤其長平一役，活埋趙國降卒四十餘萬人，刷新我國戰史紀錄，讓人想忘記白起二字都很難。白起為秦國立下汗馬功勞，也為平定六國、統一中原奠下不世的功勳。

　　白起的耀眼成就，無人能敵，但是物極必反，盛極而衰，最後竟以自殺結束一生，究其原因有：一是他聲名在外，各國君臣聽到他的名字無不恐懼萬分，而領兵將領各個聞風喪膽。各國自保之道，無非請求秦王不要發動恐怖戰爭；於是深受其害的趙王與韓王請出蘇代遊說秦國宰相范雎。蘇代先送重禮行賄，又曉以大義於後，挑撥宰相范雎：白起再持續攻城野戰，功大業大一定超過范雎，范雎必屈居於白起之下。加以秦國也兵疲馬困，不如讓韓、趙割地求和，免得再增加白起征戰立功的機會。

　　由於范雎私心作祟，深怕白起坐大後，他將失去秦王的寵信，終於斷喪秦國第一名將的生路。范雎不願與白起共享秦國的成功，讓後人見證了一山不容二虎，既競爭又合作的將相合實在不易。

　　白起之死與他本人的性格問題也有關係。他是軍事天才，又是百戰百勝的大將軍，無庸置疑。在秦王指派王陵攻打長平失利後，秦國亟需用人之際，白起卻「生病」了，又說一些不該說的氣話，言過其詞，誇大事實；秦王請不動，與他有心結的宰相范雎更請不動！

　　白起的態度擺明是對首長的不尊敬，對長官的不信任。即使楚、魏大軍壓境，秦軍出師不利，白起依然事不關己，竟只會說些風涼話而譏刺秦王，依舊再三稱病不起，終於導致雙方絕情而決裂。

　　由於白起的卓越領導才華與輝煌無比的戰果，導致他過度的自信與超人自負，既違背行政倫理，也置國家大事於不顧，軍政人際關係

全盤皆輸，無一人肯出面為他講話、聲援，外加落井下石的范雎、極度不滿的秦王，終於壓垮一代名將白起。

　　這個故事告訴我們：白起昧於情勢，不能苦民所苦，也不願急國所急，一味任性放話，才造成君臣關係緊張、同僚失和、宰相陷害，最後落得四面楚歌，只有自裁一途。

【故事六】處理公務，絕不動怒

　　好友黃錦能兄分享一則處理公務經驗：有一天剛上班，電話響了，一位太太氣急敗壞的說要找市長投訴陳情，接電話的同事轉請他處理。原來婦人買個菜不到一小時，家裡就被小偷偷得亂七八糟。

　　這除了請她向派出所報案以外，還有什麼撇步呢？他靈機一動，跟著她大罵小偷：「小偷真可惡，好手好腳，身強力壯的，不去上班賺錢，人家辛辛苦苦的好不容易才賺了一點錢，就被他偷走，真是可惡！」

　　她聽到慷慨激昂的在教訓小偷的正義之聲，深感認同，因此，心中的怒氣已稍微緩和，掛上電話前，還不斷表示感謝。雖然是隔靴搔癢，無濟於事。其實，民眾的投訴，大部分都是發發牢騷，一吐心中悶氣而已！

　　天無絕人之路，一枝草一點露，只要不向命運低頭，堅持永不放棄，生命自然會找到自己的出入，前面不是沒有路，而是到了該轉彎的時候。「行到水窮處，坐看雲起時」，不就是這個道理？

【故事七】被責罵而不慍怒的直不疑

　　西漢初年，有一位姓直名不疑的官員，他長得高大帥氣，擔任漢文帝的「郎官」，相當於現代總統府侍衛室的警衛。

有一天他的同事請假回家省親，他和其他郎官則謹守崗位。這時有位留守的郎官發現自己的黃金不見了，懷疑直不疑的涉嫌最重。

直不疑沒有動怒，更沒有任何辯解，於是向對方道歉而承認偷竊不法行為。接著他默默到街上買了黃金回來賠給這位「失主」。

等到那個銷假回來的郎官知道拿錯了別人的黃金，立刻將黃金還給失主。這位失主知道事情真相，誤會實在太大了，感覺非常慚愧，不斷向直不疑道歉。這件黃金失而復得的故事傳開了，大家都說：直不疑真是一位厚道的長者。

後來漢文帝知情，很稱讚其為人，提拔他、逐步升遷太中大夫，更接近權力中樞。有一次朝廷中聚會，有人非常嫉妒直不疑升遷快速，當眾說他的壞話：「直不疑人確實長得帥氣，但是他怎麼會去跟他的嫂嫂搞曖昧、有私情呢！這樣的傷風敗俗行為，實在令人難以接受。」

直不疑受到中傷，人格受辱，不但沒有四處喊冤或公開嚴正聲明，駁斥不實的假消息。他的回應只有簡單的一句話：「我乃無兄。」——我沒有哥哥呀！沒有哥哥，怎麼會有嫂嫂呢？

謠言止於智者。如果大家愛聽八卦，這個社會就會流傳有的沒的、似是而非的消息。有人不願也不知如何求證事實真相，卻津津樂道，做不實的二手傳播，傷人害人而不自知。

直不疑十分好學，學的是老子的道家學說。他在漢景帝時擔任御史大夫，相當現在的監察院長。他無論在哪裡當官，行事風格就是「蕭規曹隨」，不作任何改革。

直不疑做事認真務實，卻從來不張揚內宣或外宣追求虛名。大家無不稱讚他為人厚道。他遇事不嗔不怒，絕非偶然。

第十三

——

用間 篇

原文

孫子曰：凡興師十萬，出征千里，百姓之費，公家之奉，日費千金；內外騷動，怠於道路，不得操事者七十萬家。相守數年，以爭一日之勝，而愛爵祿百金，不知敵之情者，不仁之至也，非人之將也，非主之佐也，非勝之主也。

故明君賢將，所以動而勝人，成功出於眾者，先知也。先知者，不可取於鬼神，不可象於事，不可驗於度，必取於人，知敵之情者也。

故用間有五：有因間，有內間，有反間，有死間，有生間。五間俱起，莫知其道，是謂神紀，人君之寶也。因間者，因其鄉人而用之。內間者，因其官人而用之。反間者，因其敵間而用之。死間者，為誑事於外，令吾間知之，而傳於敵間也。生間者，反報也。

故三軍之事，莫親於間，賞莫厚於間，事莫密於間。非聖智不能用間，非仁義不能使間，非微妙不能得間之實。微哉！微哉！無所不用間也。間事未發，而先聞者，間與所告者皆死。

凡軍之所欲擊，城之所欲攻，人之所欲殺，必先知其守將、左右、謁者、門者、舍人之姓名，令吾間必索知之。必索敵人之間來間我者，因而利之，導而舍之，故反間可得而用也；因是而知之，故鄉間、內間可得而使也；因是而知之，故死間為誑事，可使告敵；因是而知之，故生間可使如期。五間之事，主必知之，知之必在於反間，故反間不可不厚也。

昔殷之興也，伊摯在夏；周之興也，呂牙在殷。故惟明君賢將，能以上智為間者，必成大功。此兵之要，三軍之所恃而動也。

白話文

投資情報戰的必要性

孫子說：大凡興兵十萬，出征千里，人民的耗費、政府的支出，每天要燒錢千萬；國家內外局勢動盪不安，半民百姓疲於奔命於道路，不能安心從事耕作的農民達七十萬家。對峙數年，為的就是爭取最後勝利的一天；政府如果吝嗇撥款、捨不得給職位而不肯重用間諜，以至於不知敵情而兵敗，這種人真是不仁不義到極點，他們不配做軍隊的統帥、不配做君王的左右手，更不是勝利的主宰者。

不能迷信過去，要運用深知敵情的人去情蒐

英明的君主、賢能的將領，動不動能戰勝敵人，成功超群出眾，是因為他有辦法事先掌握敵情。要事先掌握敵情而蒐集情報，不能去求神問卜，也不能抄襲過去類似經驗，更不能盲從天文地理去應驗，而一定要運用間諜親蒐第一手情資，這種人就是瞭解敵情的人。

五種間諜的運用

運用間諜情蒐有五類：因間、內間、反間、死間、生間。五種間諜如能同時運用，任誰都不知道其中的奧秘，這種神妙莫測的用間方式是國君的法寶。所謂因間，指利用敵國的鄉民當間諜。所謂內間，指利用敵國的官員做間諜。所謂反間，指策反敵方派來我方的間諜，使之反過來為我方效力的間諜。所謂死間，指故意在外散布假情報，讓我方間諜得知，並且有意識地讓他傳給敵間，其結局必死無疑。所謂生間，指能夠定期親自回報敵情的人。

間諜的運用原則

所以，軍中最親信的，莫過於間諜；獎賞最優厚的，莫過於間諜；事情最隱密的，莫過於間諜。不是英明睿智的人不能運用間諜，不是大仁大義的人無法擔當間諜，不能明察秋毫的人無法得到間諜的真實情報。微妙啊！微妙啊！無處不用間諜。間諜的計畫還未進行，卻走漏消息，那麼間諜及洩漏機密的人都要處死。

凡是要攻擊的目標、要奪取的城堡、要殺害的對象，一定要先瞭解敵方的駐守將領、左右親信、接待傳達、守門官員及其機要幕僚的姓名，命令我方間諜務必要查明清楚。此外，更要查出敵方派來刺探我軍的間諜，查獲以後要重金收買，誘導他為我所用再予以釋放，這樣就可以得到反間為我方運用。由於反間既為我所用，就可以培養在敵方的因間、內間，取得後加以運用。藉著因間、內間之力，就可以讓死間散布假情報，讓他傳給敵方以欺敵；再藉此而利用生間，他們就可以按時回報敵情。君主必須掌握五種間諜的運用，而掌握情報的關鍵在於反間，所以，對於反間的待遇不能不特別優厚。

最有智慧的人方能勝任間諜

從前殷商振興之際，是因為伊尹在夏朝當過諜報人員；周朝興起之時，是因為呂牙在殷商從政而蒐集情報。因此，明君賢將懂得任用有大智慧的人當間諜，必能成功立業。運用間諜是戰爭成敗的關鍵，三軍部隊就全靠正確情報，才能決定軍事行動。

要義

沒有情報沒有計畫，就無行動力

本篇主旨，首先提示間諜蒐情角色的必要與重要性，其次論述間諜分類、遴選及管理運用，最後舉出歷史上真實人物為例，印證間諜人才之重要與得之不易。

「說曹操，曹操就到」，可以形容曹操的耳目眾多，並且隨時會出現在你身邊，動員「查水表」，讓你無所遁形。這位「清平之奸賊，亂世之英雄」的梟雄說：「戰者，必用間諜，以知敵者之情實也。」他說到也做到，史上第一位註解《孫子兵法》的人就是他。

先知靠情報

運用間諜，得到第一手精確的內幕情報，將帥才能成竹在胸，氣定神閒輕鬆打仗。從成本效益觀點看，間諜工作當然值得大力投資。孫子對於斤斤計較而不知敵情者，一連用了三個否定句，狠狠地譴責有關戰爭的主要利害關係人：

一、不肯支持重獎重金的人事、會計、財政單位，這些人不是首長的好幕僚！

二、不願大力支持情報工作的將領，不是部屬的好長官！

三、視錢如命的國君，更是不仁到極點的昏君！

五種間諜都是國寶

負責戰爭成敗的國君、將領，勝得漂亮，出人意表，主要關鍵在「先知」。「先知」係指情報工作者，包括情報規劃、蒐集、分析、研整、預判與執行的社群。

　　孫子把間諜分為五類並加以定義，其目的在偵探敵情，既要先知敵情，就不限於運用一種，最高明的是五種間諜同時起用，讓敵人不知道軍機是如何洩漏的；神不知、鬼不覺而讓對方感到高深莫測，我方運兵有如神助。由此可見，情報用間諜，是國君的重寶。

　　東晉時期，聞雞起舞的豫州刺史祖逖，鎮守邊疆雍丘，愛護百姓，照顧平民，也柔性運用當地豪強大戶，就獲得很多的「因間」情報，不斷獲勝。警察受命到國外辦案，押解嫌犯回國接受偵審的過程，受益最多的是當地僑民、商界友人的幕後協助，才能順利解決在外遭遇的困難與變數。

　　「內間」包括：對方官吏犯了錯誤而去職的、犯罪被判決有罪而受刑罰的、有情婦又貪財的、自認屈居人下而心懷不滿的、自認有才華能力而無處發揮的、希望自己國家敗亡才有機會出頭的、反覆無常而腳踏兩條船的人。以上六種人都可以發展成我方的「內間」。例一，吳越爭霸，吳王重用楚國人伍子胥，分三師擾楚，使楚國疲於奔命而大敗楚軍。例二，越王勾踐兵敗，派文種帶金錢、美女行賄吳王重臣伯嚭，而說服吳王夫差釋放越王勾踐，伯嚭就是勾踐的「內間」。

　　這些人未必心想背叛，卻都是貪財、愛色、忌妒有才之人，而時時要刷存在感，就很容易被人利用而不自知。楚漢相爭鴻門宴前夕，項伯幫助張良，害了他的姪兒項羽「腦霧」外，又幫助外人劉邦脫困，更是另類的典型「內間」。後來項羽要怒殺劉邦的父親劉太公，也是身在楚營的項伯勸阻而為漢營立下的「功勞」。

　　敵方間諜來窺探我方的虛實，我方一定要事先知道，並以重金收買、誘導他反為我所用，這就是「反間」。另有佯裝不知他是間諜，不加防備，卻故意把假情報透露讓他知道而傳回去。這樣，敵間反為我所利用，也是「反間」。

　　張憲義接受國史館長訪問時指出，他參加國外的學術研討會時

候，與美國中情局接觸，同意合作情報工作後，要先接受測謊。他到了美國又接受了一次測謊，後來參加討論高科技時，再三接受更精密的測謊。由此可見，中情局最在意的就是，誰會不會是「反間」。

楚漢相爭，陳平為劉邦輕易除去項羽頭號軍師范增，採用的離間計，就是標準的運用「內間」；方法很簡單，只因項羽的疑心很重，內部上下出現了間隙，才會被人利用。

「死間」是我方情工人員到敵營中，先製造假象、假情報，讓我方間諜把它傳給敵方，取信於敵。而我方行動與情報內容不一致，我間必難逃一死。也有運用假情報餵我方間諜，又刻意安排讓他給敵方捕獲，事敗只有死路一條。

與「死間」相反的是「生間」，生間就是奉派到敵國工作，隨時可以回國報告情報者。生間種類約有：一、光明正大的外交官員。二、貌似忠厚老實，能忍辱負重而長期埋伏，觀察敵情者。三、要有敏感度，能察言觀色，眼看四面、耳聽八方揣摩敵情的用心者，也就是善於讀人、觀人的智者。當然還有許多商人、學者、留學生等等士農工商三百六十五行，都可以是「生間」人選。

另外「反間」就是雙面諜。例如某甲偵辦吸食毒品案，受人關說要掉包尿液，於是到他的線民家裡以假亂真。未料他的違法影音檔案事證反而被完整蒐錄，原來這個警察線民早被調查單位吸收為線民──諮詢人員，成為雙面諜。

情報戰發展至今，已邁入人工智慧、大數據的數位時代，仍然不脫孫子的間諜運用，最為精確無誤。例如俄烏戰爭前夕，東西方國家都判斷俄國不會全面入侵烏克蘭，即使發生戰爭也會在一週內速戰速決；沒有想到戰爭發展，跌破大家的眼鏡。唯獨美國情報蒐集、判斷精準，靠的就是間諜情報，而事先得知普丁政治高層執意全面入侵烏克蘭的企圖，其功力遠勝於歐洲各國衛星偵察、通訊監聽等高科技的

情蒐。警察辦案靠情報，蒐集情報也要靠線民，線民提供的情資經過全面研析、鑑定，第一手情報仍是破案最關鍵要素。

如何遴用情報人員

孫子認為對待間諜應有的態度：首先，軍隊中以間諜最為親信、獎賞最優厚、最為機密。萬一用間之事不密，被洩漏出去，間諜與洩密的人只有殺無赦，就地正法。由此可見，運用間諜的三條件是：至親、至賞、至密。

其次，因為用間不是人人可為，唯有大智、仁義、細膩的人方能用間。

孫子舉例說明情蒐的對象與要點：古代攻城最容易損兵折將，因此，首先要認識守城的將領，不光是姓名，更重要的是他的領導才能、賢愚不肖，尤其是他的出身、個性、態度。其次才是他的左右幕僚、機要、參謀、副官、秘書、隨扈、衛士、傳達、廚師、司機、工友等，甚至他的醫護人員，這些都要設法事先設法偵知的對象。漢初，張良協助劉邦攻秦入關，最擅長此道。

再次，孫子強調五間的運用關鍵在反間，認為反間最重要。因此，要優厚、重利利誘、用心開導，誠懇說服，並免除其刑責，納為我用。只要反間策反成功，其他四間就可以靈活運用，得到想要的情報。孫子重視先知的預警情報，因此重視情報經費、強調為人領袖、主官領導，對於情報獎金、線民費用、諮詢經費應該大力支持才對。

最後，孫子再三致意選用間諜的重要，唯有選上智為間，才是成功的保證；並舉例伊尹在夏朝為官、呂牙在商朝任職，他們兩人對夏、商的軍政虛實知情甚深，均為上智人才，是高明間諜的典範。

故事

【故事一】侯嬴為什麼知道那麼多情報？

　　戰國時代魏安釐王二十年，秦昭王乘勝進兵包圍邯鄲，趙國危在旦夕之間。魏王派遣將軍晉鄙領兵十萬援救趙國，秦王立即派人威脅魏王說你敢出兵救援，下一個目標就是你了，魏王十分害怕，叮囑晉鄙暫停救援。魏王名義上救趙國，實際上腳踏兩條船，心存觀望。

　　魏公子無忌十分憂慮姊姊在趙國的安危，多次求助魏王出兵，魏王始終沒有動靜。魏公子於是決定自力救濟，不惜與趙國共存亡。他找到民間好友侯嬴，請教有無對策。

　　侯嬴清場四處無人後，偷偷告訴魏公子：「據說晉鄙將軍的兵符放在魏王臥室內，而如姬是魏王最寵幸的女人，只有她能經常出入魏王臥室，她有辦法竊取兵符。我又聽說如姬的父親被殺，她雖想盡辦法要報殺父之仇，懸賞三年卻毫無進展，無人可以為她報仇。公子只要為她報仇，獻上如姬仇人的頭，再開口請她幫忙盜取兵符，如姬必定會承諾，那麼您就可奪取晉鄙的軍權，擁兵北向救援趙國。」魏公子按計策進行，如姬果然偷到兵符而交給魏公子。

　　做正確的事，又要做好事情，需要擁有充分的資訊——尤其機密的情資。侯嬴為何知道那麼多的事情呢？

　　侯嬴看守魏國首都大梁的夷門多年，管理城門交通出入要道，又與其他守成門的夥伴交換消息，自有很多機密訊息。當時侯嬴已經高齡七十歲，有豐富的人生閱歷，閱人無數。侯嬴雖堅守夷門，他的交往圈子可不止於底層庶民，有可能上至公卿大夫、民間意見領袖，消息遠多過一般常人。

　　因而侯嬴知道如姬父親被殺、如姬與魏王的親密程度，以及神祕的殺手，甚至知道躲在幕後的藏鏡人、教唆殺人的共犯是誰，還有不

能說出的機密檔案等等。侯嬴當然也知道好友朱亥具有殺人如殺豬般冷靜又迅捷的能力，也深知當時魏公子與魏王兄弟之間並沒有信任關係，魏公子雖擁有兵符，仍無法讓晉鄙將軍信服，才找朱亥同行，以防萬一。

侯嬴知道那麼多有用的情資，顯然與他的工作性質息息相關。

【故事二】走出去交朋友才有情報

抱著好奇心，走出去，多問問，多觀察，多追根究柢，日積月累的博學、審問、慎思、明辨，就可以獲得很多情報。

劉邦為人就是會聊天，愛說話，找駕駛夏侯嬰「練肖話」，天南地北無所不談。在聊天中，得知許多消息，也獵到難得人才，例如韓信將依法斬首，若非夏侯嬰見狀而刀下留人，哪有漢家天下可言。劉邦真是超會「畫虎爛」。鴻門宴前夕，他與項伯只有一面之緣，立即保握契機，強邀與項伯約為兒女親家，化險為夷的經典「畫虎爛」，而項伯竟也像似被催眠，居然瞬間被熱情與誠懇而化敵為親。

前警政署長莊亨岱的情報靈通，他喜歡結交四方朋友。沒事經常打電話，天天都喜歡找人聊天，找自己人，找外人，也找黑道。退休後他被臺北市議員質詢已經退休不在職了，為什麼還有保一總隊隊員在家保護他，要他提出說明。

莊前署長私底下問警察同仁：是哪個議員、他是誰、他的黨派、什麼地方人、住在哪裡、屬於哪個轄區分局等等。莊前署長在乎的是要有完整的資訊，才能完美出擊，一擊中的，而迅速解決問題。

【故事三】不是每個侍衛、學生都尊師重道

溫錦隆，羅署長的貼身警衛，一表人才，工作認真，卻失足於同學的誘引，竟淪為搶匪，組成強盜集團屢屢犯案。首長身邊的左右，

永遠都是許多有心人想要探索消息取利的最佳對象。

那年偵破嶺南派大師歐豪年名畫被竊，難得一次完整找回失竊全部贓畫，大師非常開心，而嫌犯居然是熟悉老師作息的師大美術系學生。大師豁然對我說道，過去就算了，不必再追究。長者「成事不說，遂事不諫」，宅心仁厚，溢於言表。

著名畫家鄭善禧大師在金山南路的畫室遭竊，警察全力追查，破案後起出部分贓畫，在臺北逮捕了嫌疑犯，並移送法辦。後來得知其他更有價值的贓物居然在臺中畫廊現身，我興沖沖地告知鄭大師，沒想到老師知情後，只淡淡地說：「既然是『他』帶走的，就算了，不要再去追究。」『他』究竟是誰？耐人尋味。

【故事四】左右最容易被收買

齊威王即位以來不理政務，全交給卿大夫治理，九年之中，諸侯來侵，國人不得安寧。有一天齊威王彷彿醒過來，忽然找來即墨大夫，對他說：「自你到即墨到任以來，天天聽到毀謗你的傳言。然而我派人去視察即墨，發現田地開墾，人人豐衣足食，公事不積壓，治安良好。我知道有人毀謗你，是因為你不願奉承我的左右以求為你說好話的緣故。」遂封他食邑萬戶。

齊威王又召來阿縣大夫，對他說：「自派你到阿縣任職以來，天天都有人說你的好話。但是我派人視察阿縣，卻發現田野荒廢，百姓生活困苦。昔日趙軍攻打甄城，你不出兵救援。此外衛軍攻取薛陵，你竟一無所知。卻常常有人稱讚你，原來是你花錢收買我的左右以求好聲譽的結果。」是日，斷然殺了阿縣大夫，以及自己身邊為他說好話的人都誅殺。於是齊國上下震懼，人人不敢文過飾非，齊國大治。

齊王建是齊國最後一位君王，他的最親信也是宰相的后勝，卻大膽接受秦國的巨金賄賂，后勝竟又派了許多賓客到秦國大方接收許多

財物後，回到齊國後為秦國離間搭橋鋪路，一起勸導齊王放棄合縱抗秦，更不做積極備戰，終而亡國。

齊王建的左右大臣都被秦收買，亡國一點都不意外。

【故事五】情報經費無上限

漢王劉邦屢敗屢戰，彭城慘敗後，再陷入滎陽危機。

西漢二年，他率五路聯軍突襲項羽根據地彭城，未料反被項羽以寡擊眾，潰不成軍。他逃到滎陽再起，不到一年又被項羽斷糧圍困，陷入危機重重。

彭城兵敗後，漢軍氣勢銳減，投靠劉邦的諸侯王隨即皆改弦更張地從楚叛漢，使他在局勢上頓時陷入弱勢。儘管如此，劉邦仍不氣餒，他還是將軍隊駐紮在滎陽，構築運糧的甬道與黃河相連，以利運輸敖倉糧食。但這後勤戰備的工事沒多久便被項羽察覺。

西漢三年，項羽多次領兵侵略甬道，使漢軍糧道被阻，無法運糧，而導致漢軍糧食短缺。劉邦再次陷入危機，只好向項羽求和，提出以滎陽為界：滎陽以西歸漢，以東歸楚。

項羽本想接受議和，但范增卻極力阻止，說此刻的漢軍已陷入缺糧的重大危機，最容易應付，若不及時攻下，日後必會後悔莫及。項羽覺得范增所言極是，便同意他的建議，更加緊急包圍滎陽，使劉邦的處境更加陷入困境。

劉邦向陳平請教對策，陳平向劉邦分析楚、漢雙方的局勢。陳平強調，項羽最大的優點，便是發自內心的「恭敬愛人」，於是廉節之士和講究禮儀者，都會情願歸順於他。但劉邦正好與他相反，為人常傲慢不羈又缺乏禮節，導致廉節之士多不願前來。不過劉邦有一極大的優點，卻是項羽始終遠遠不及的；劉邦待人十分大度，對有功之士，都捨得賜予爵位封邑。項羽則捨不得獎賞有功的部屬，縱然為項羽立

下再多戰功，又有何用？如今若要解決眼前的滎陽困境，不妨以重金對楚軍施行反間計，以離間項王君臣的互信關係。只要楚軍陣營自亂陣腳，仗就打不下去了，漢軍便可趁勢取勝。

劉邦毫不猶疑地便拿出四萬斤黃金交予陳平，任憑他隨意處置。只要能達成任務，離間成功，錢怎麼花用？用了多少？他全不過問也不干預。因為，他深信陳平的奇計與能力。

陳平拿了大量黃金，在楚軍陣營裡買通一些好利忘義之人，讓這些拿到好處的小人大量到處散布謠言，說鍾離眜等將軍不知立下多少戰功，但卻始終得不到獎賞，心中已十分不滿，想要與漢王聯合消滅項王，以瓜分楚地，如此便可各自稱王。陳平見縫插針，成功離間項王與猛將的關係，讓項王信以為真，不再信任自己人。

陳平主要離間對象，是項羽的亞父范增。他離間范增的手法其實十分簡單，當項王派使者前來時，劉邦先讓人端上上等美食。等使者坐定後，再假裝驚愕的說，原先還以為是亞父的使者，沒料到怎會是項王的使者。說罷竟將美食撤去，全換上粗劣的飯食，以羞辱項王的使者。

項王使者回到楚陣營後，立即報告項王。項羽聽後，果然開始猜忌范增，便逐漸奪去范增的權力。范增知情後非常憤怒，便對項羽說，天下事已大體確定，您就自個去幹大事，請准允我歸隱故鄉吧！項羽竟任憑他失望而離去。

陳平料事如神，先離間項王的大將，再氣走楚營軍師范增。陳平先後為劉邦除去項羽最得力的將、相，居功厥偉。

啟示：情報工作經費無上限，二千年美國聯邦調查局幹員韓森被捕，他主動出賣機密情報給俄羅斯，共計收受百四十萬美金，而美國政府也支付七百萬元美金收買俄羅斯情報機關的「內間」，才獲得關鍵證據而破獲、定罪韓森。

【故事六】美軍運用線民殲滅恐怖組織首腦巴格達迪

　　美國軍方在二〇一九年十月二十六日深夜，於敘利亞邊境進行突擊行動，恐怖組織「伊斯蘭國」（ISIS）首腦巴格達迪自行引爆炸彈身亡。巴格達迪的行蹤之所以被美軍掌握，是遭到妻子與親信艾塔維背叛，全盤供出藏匿手法與地點，讓美國與伊拉克雙方能建立完整軍事情報網，順利部署資源並成功殲滅。

　　據《路透社》報導，巴格達迪的幕僚艾塔維在被捕後，移交至伊拉克。他向伊拉克情報官員表示，為了避免被發現，巴格達迪會躲藏在裝滿蔬菜偽裝成運送貨車的小巴士上，更供出巴格達迪在敘利亞會晤的所有地點，有利於伊拉克與美國中情局部署，並透過衛星和無人機持續監視。

　　除此之外，先前美、伊與土耳其的聯合軍事行動中，成功逮捕數名資深伊斯蘭國領袖及巴格達迪妻子，確認巴格達迪與幕僚躲藏在敵對陣營「蓋達組織」長期控制的一個小村莊巴里沙內，體現了「最危險的地方就是最安全的地方」。

　　美、伊雙方獲得情報後，開始在當地部署線民，其中一人在市集中認出艾塔維，尾隨其後，成功找到巴格達迪的藏身處。在美軍嚴密監視五個月後，展開行動。美國總統川普證實：「昨晚，美國讓全球頭號恐怖組織首腦伏法，巴格達迪已死。」

　　川普說，巴格達迪一路被美軍軍犬追擊，走到盡頭後，巴格達迪引爆背心上的炸彈，與三個小孩同歸於盡，肢體被炸得支離破碎。美軍當場就做DNA檢測，證實死者是巴格達迪。

　　川普在白宮戰情室觀看行動過程，就像看電影。川普感謝俄國、土耳其、敘利亞、伊拉克和敘利亞庫德族協助，敘利亞庫德族向美國提供有用的資訊。據CNN主播：「敘利亞庫德族武裝發言人表示，他

們在ISIS內部有線人，他們透露了巴格達迪藏在哪裡。」

啟示：最危險的人往往是身邊的人。

【故事七】孔光居家不談人事，不說溫室之樹的保密素養

自古以來，警衛森嚴的宮中、府中（禁中）人員絕不可以愛現而說三道四；所見所聞，必須絕對保密，禁止對外發言，如果洩漏了禁中談話內容，就犯了必死大罪。

《漢書・孔光傳》記載孔子十四代孫的孔光，必須經常出入禁中，於公於私都能嚴守口風的美好行誼，就是很好的範例。

孔光以博學多聞且高尚情操的優勢，當過議郎、尚書、僕射、尚書令等職務，他嫻熟典章制度，法規命令倒背如數家珍。孔光很得漢元帝的信任。

孔光每次上了奏書，經核批下來後，立即銷毀草稿。他認為私下留著公文底稿，遲早會曝光上級長官的過失，又會流於想博得忠貞、正直美名的私心。

他每逢休假日回家休息，經常會和家人閒聊，但是話題始終不會觸及公務。常有人好奇而探問孔光：「長樂宮溫室殿上種的都是哪些樹木呢？」孔光每每保持沉默，不肯回應，繼而顧左右而言他。孔光總是很識大體，說些無關宏旨的話兒支開家人的好奇心。他連溫室殿禁中的一草一樹，都認真守口如瓶，真是保密到家。

由於孔光很早就進入官府服務，難免很多官員想接近他而有所圖謀；但他不願結黨友朋，培養游說賓客。後來名聲遠播，晉升為光祿勳，很快又升為御史大夫。孔光病危時，竟神智清醒的堅持上書皇帝，要歸還賜封食邑七千戶，及所賜的府第全歸還國家。

唐太宗貞觀十年（636年），楊師道接任魏徵的門下侍中，成為宰

相。他為人謹慎，從來沒有洩漏國家機密。他常說：「年幼的時候，我讀過《漢書》，上面說過孔光不言溫室之樹，我非常欽佩他的保密素養。」

孔光給我們的啟示：

一、孔光居高位多年，深受三代皇帝信任而能善始善終，歸根究柢是他深具風險意識、強烈的責任感。

二、終身學習經典文章，又嫻熟法制，與時俱進，處事態度嚴謹而受人尊敬。

三、有關重要公務文書核定後都會銷毀草稿，不留底稿；不矜己功，有功則歸長官，讓人放心。

四、為國推薦舉才，不為人知，不誇己能，自然受人尊重。

五、參與國家機要，居家言行都要守口如瓶，即使家人起鬨探問宮殿的花木，他不是閉口無言，就是答非所問，絕不鬆口談及公務。

【故事八】善待線民是破案的利器

從警生涯這麼久偵破的案件相當多，王文忠局長受訪時認為偵破吳新華強盜殺人案件最難忘，因為有成就感。

以吳新華為首腦的強盜集團有九人，都是眷村小孩，慣用的手法是先入侵民宅行竊，如果不幸行竊時主人回到家裡，就殺人滅口。吳新華心狠手辣，把民宅主人殺倒地之後，會要求集團每個人都要補一刀，當時，他們共殺了十四個人，重傷四個人，這些重大刑案造成新竹地區人心惶惶。

那個時候，他是新竹縣警察局刑警隊副隊長，刑事局局長是莊亨岱先生、新竹縣警察局長是黃丁燦先生。圍捕了好幾次，其他成員都抓到，有兩次想逮捕吳新華，都因為他太熟悉當地地形，被他以抄小路的方式跑掉。後來吳新華跑到南部，找六合彩組頭勒索，找他的朋

友要買槍。

剛好這個朋友是他的線民，一直配合得相當好。跟黃局長報告後，莊局長漏夜南下跟這個線民商談，認為線報可靠，就派一個女警把線民和吳新華引到桃園，當時設了個局。同仁們喬裝是賣槍的賣家，跟吳新華他們約在某飯店交易，線民把吳新華帶進去後就被喬裝的同仁逮捕了。為了保護線民，還叫他趕快跑，假意地追了他一段時間，回來在吳新華面前生氣地說：「被他跑掉了，剛剛那個是誰？」讓吳新華無法得知是對方的線民身分，用這樣的方式保護線民。後來吳新華被判了死刑，破了這個案子讓他感覺很有成就感。

另外，他在高雄刑大當副隊長時，張金塗檢察官偵辦煙毒犯，結果居然被這個煙毒犯雇用槍手打了十幾槍，兩隻腳幾乎被打爛。檢察官被槍擊案全國轟動，也造成司法體系的不安，於是警察每天都開會，研擬破案策略，最後查出了主謀。雖然他有一度逃到大陸，後來還是被引渡回來。

警察，尤其是刑警，要記得以誠懇實在的態度跟線民交往，像這個線民，有什麼消息，一定都會跟他說，他會送對方電影票，也會請他吃飯，這些都是自掏腰包，真的把他當朋友。這個線民也幫了許多忙。有一次，線民在開計程車，半夜一點打電話，說看到三個年輕人開一台計程車，行蹤很可疑，叫他查一查。當時他馬上打電話，查看有沒有問題，結果果然剛接到刑事警察局廣播，發現這部車子不久之前才在新北市林口區被搶，這幾個搶犯在新竹市路邊吃宵夜，於是馬上通知同仁，四人一網把他們逮捕。

把線民當成很好的朋友，要注重在平常的交流，不要太功利，好像只有他通報線索有功才給獎賞。其實線民的立場也蠻危險，平常要搏感情，他們才會願意冒險為我們警察做事，要好好感謝他們。

【故事九】菜鳥警察送禮辦案的藝術

「禮多人不怪」，楊警員也服膺這古諺而且愛送禮；不過，他送的對象竟是勤區內的治安人口。

有一天，楊警員坐在值班台翻閱著治安人口名冊，忽思忖：「如果這些人都成了我的眼線，豈不是『助人人助』，很多刑案容易辦了。」

對治安人口，一個月要查察兩次，他早就認識他們了，可是那些人一看到警察，總是躲得遠遠的，「怎樣想個辦法讓他們提供治安情報？」正想著，警用電話響起，是上級例行電話：「中秋節，嚴禁送（受）禮。」楊警員靈光乍現：「我何不給這些小人物送禮，拉近距離？」這是一筆不小的開銷，他於是想到了當年（六〇年代）一包十元的長壽牌香煙。

隨著日子過去，埋下的種籽開始發芽有了結果。此後，一有刑案發生，不管是不是他的班，都會趕去現場，仔細觀察人群中有無抽過「管區牌」香煙的人，見著了，不打招呼，僅一個眼神交會，他就趕回派出所等電話。

案子一件件的破，有了破案獎金，足以繼續支撐他的送禮。大家都很好奇，警校畢業沒多久的菜鳥是怎麼辦到的。有一回，無意中發現他的戶口查察袋塞滿了香煙，而他是不抽煙；這時，他才說：「準備送給治安人口的。」

一個被列管的地方小人物，能收到「波麗士大人」的長壽牌禮物，是何等的受寵，怎會不會幫警察的忙呢？

（作者張巽檉，《警聲月刊》第333期）

【故事十】在爐中炭灰上書寫代替談話，絕對萬全保密

韓非說：「事以密成，語以泄敗」，強調保密是成敗得失的關鍵。說話容易，保密很難，因此西諺有「沉默是金，說話是銀」說法。然而「沉默」不說，不表示他就沒有看法。至於如何「事以密成」則是治國或公司治理的首要課題。

亂局是非多，更需保密。唐末各地藩鎮割據，中央政府束手無策，進入五代十國亂局。吳國實力強大後，徐知誥想拔擢宋齊丘，未料宰相徐溫反對。此後宋齊丘有了憂患意識，他與徐知誥商談的時間都會選在夜晚；為了保密萬全，特選在四面皆水的湖心建了一座涼亭，作為約會談話地點。

他們走進涼亭後立即撤掉活動式渡橋，亭下只剩兩人相對與談，往往談到深夜。如果在室內討論政務，就撤走屏風等一切屏障物，只在室中放個沒有明火的大火爐，二人默默相對無言。他們只用撥火的鐵棒在爐中炭灰上書寫代替談話，看過了立刻抹平，絕對萬全，沒人知道他們無聲無息的談話內容。

啟示：他們為了保密到家，宋齊丘與徐知誥選在沒有死角的獨立涼亭、炭灰上溝通，做到了「事以密成，語以泄敗」的真諦。

【故事十一】信陵君如何精準掌握情資

有次魏公子跟哥哥魏王下棋遊戲，突然傳來北部邊境烽火預警，說趙國發兵進犯，快要進入邊境。魏王一聽，心神不安，立刻放下博戲，準備召集大臣研議對策。只見魏公子氣定神閒，勸阻魏王大可不必如此緊張，他說：「那只是趙王出來打獵而已，並不是侵犯我國。」說完繼續玩他的遊戲；可是，魏王仍然忐忑不安，沒心思再博戲。

沒多久，邊境又傳情資：「趙王只是出來行獵，並未帶兵出擊，不是進犯我國邊境。」魏王問魏公子：「你是怎麼知道的？」他心平氣和答以：「我的食客中，有人能夠探知趙王的秘密，趙王有何行動，都會來回報我。」原來趙王身邊有魏公子的人臥底，所以趙王的一舉一動，有什麼秘密行動，他都能及時向魏公子通風報信。

魏王聽了大感震驚，從此以後，魏王反而懼怕信陵君，不敢用他處理國家大事；畢竟連趙王的秘密他都能知道，魏王的秘密又豈能瞞得過他呢？

這個故事的啟示：信陵君具備智信仁勇義等人情世故，才能擁有那能替他探密的門客。然而你有很強大的資訊網絡，如果全盤道出，會不會讓人起防衛心呢？

【故事十二】胡老頭的高超觀察力

朱縣長新上任，為了探訪民情接地氣，走到早餐店用餐，剛坐下來就聽老闆胡老頭邊忙邊嘮叨：「大家吃好喝好，交通的要來整頓市容，起碼三天你們吃不到我的油條了！」縣長心頭一驚：警政署最近要下來視察交通整理績效，他怎麼會知道？

這天，他又來吃油條配杏仁茶。沒想到老頭居然發布消息：「上面要來大青天，誰有什麼冤假錯案或委屈，就快去陳情吧！」縣長大吃一驚，高檢署要來地檢署清查積案，這消息昨天晚上才在法務部宣示，他怎麼這麼快就知道了呢？

大字不識的老頭居然能知道這麼多政府內部消息，肯定是某些政府工作人員保密意識太差，嘴巴不緊。於是他立即召開會議，把那些局長，處長們狠批一頓。警察局長一時忍不住，問道：「這老頭的話，是您親眼所見，還是聽來的？」縣長說：「都是我親耳聽到的！我問你，你們中山分局今晚是不是要臨檢金錢豹色情行業？」

　　警察局長一臉尷尬，愣在那兒。縣長見狀，當場下令：「你親自去調查這老頭的背景，明天向我報告！」警察局長連連稱是，當即換上便裝，趕到胡老頭的攤位查訪。只見老頭正發布新消息：「鎮長最近倒楣了，大家等著瞧，事情不會小的。」局長一聽，裝傻問道：「你怎麼知道的？難道你兒子在縣長室工作？」

　　胡老頭呵呵一笑：「我怎麼會知道？那龜孫子以前吃我的油條，都是讓司機開車來買，這兩天一反常態，竟然自己步行來吃早餐，一臉愁容。那年他爹死了，都沒見他那麼難過。能讓他比死了爹還難受的事，除了貪污丟官外，還有其他原因？」

　　局長聽了，暗自吃驚，不動聲色續問：「那昨天中山分局臨檢色情行業，你是怎麼知道？」胡老頭又是一笑：「你沒見那金錢豹幾家歡樂城一大早就貼出暫停營業裝修內部的牌子？人家有眼線，消息比我們還靈通！」

　　「那麼警政署下來視察市容，你是怎知道的？」老頭解釋：「除了上面長官來檢查評比，你何時見過灑水車出現過？」

　　最後，局長問了他最想不通的問題：「上次高檢署來視察地檢署，你為何那麼快就得到消息的？」胡老頭撇了撇嘴說：「那更簡單了。我鄰居家有個案子，法院檢察官拖了八年不辦。那天，承辦案檢察官突然主動來訪，滿臉笑容地噓寒問暖，還再三保證案子馬上解決。這不明擺著上面來了人，怕他們追究延壓案件責任嘛！」

　　局長佩服得五體投地，連忙回去向縣長報告。縣長大動肝火，馬上再次召開會議，足足訓話四小時：「一個炸油條的都能從一些簡單現象看出我們的動向，這說明了什麼？說明我們存在太多的形式主義。這種官場惡習不改，怎麼提昇政府的良好形象？今後哪個單位再因形式主義而洩密，讓那老頭先知，我可就不客氣了！」

　　第二天一早，縣長又跑到胡老頭這裡吃油條，想驗證一下昨天開

會的效果。沒想到胡老頭居然又發布最新消息：「今天，上面要來大長官，來的還不止一個喔！」

縣長聽了大吃一驚，心想今天下午，警察局長要陪同部長來關懷業務，自己昨晚才接到通知，他究竟是如何提前知道的？縣長強壓怒火，再問胡老頭：「你說今天上面要來大長官，他們到底有多大呢？」胡老頭兒頭也不抬地回答：「反正比縣長還大！」縣長又問：「你說要來的不止一個，能說個數嗎，到底會來幾個大官？」胡老頭兒仰起頭想了想，確定的回道：「四個！」

縣長目瞪口呆，法務部真的要來四位。他又問：「胡師傅，這些事情你是怎麼知道的？而且又知道得這麼的準確。」胡老頭淡淡一笑：「這還不容易？我早上擺攤時，見到馬路上忽然有交警加強巡邏，縣政府門口個個如臨大敵，肯定是上面要來大官。再看看停車場，縣長、副縣長的座車都停到角落，肯定是來人比他們的官還要大的官員。再仔細看看，縣長、副縣長座車停的車位是5、6號，說明了上面來了四位高階長官。」縣長聽罷，面紅耳赤。

高手在民間，胡老頭觀察力高超，堪稱最佳線民。

（改寫自網路文章〈炸油條的胡老頭〉，內容純屬虛構）

【故事十三】異國追緝槍擊要犯，有陳平用計的影子

陳平六出奇計而安邦定國，其中一計就是運用《孫子兵法》的智慧，弱化了項羽的實力，輕易移走了項陣營的首席軍師、七十餘歲的范增，造成項羽團隊的內部失和，失去了團隊合作的信任而土崩瓦解。即使現代警察辦案中遇到瓶頸，也會不自覺地「蕭規曹隨」的應用自如。

三十年前，有人複製了陳平用計的心法，順利的在海外破獲了多起的重大刑案。在那個治安敗壞的年代，有一個三十歲的甲男子在江

湖道上忽然崛起。他先是從事房仲工作，由於為人很海派而且頭腦冷靜，成為令警頭痛不已的某惡名昭彰犯罪集團的要角；他的追隨者眾，是極其難纏的黑道一號人物。

那年他們一夥在臺北市犯下綁架二人重案，竟勒贖新臺幣一億元天價；後來又因為走私槍械案，內部贓款分配不均問題而發生糾紛，竟狠心射殺同夥後將對方分屍，再裝入鐵桶，而預置汽油加以焚屍滅跡，因而成為全國警方全力追緝的重大刑案對象。

他們逃往嘉義阿里山區，因為警方鍥而不捨的全面搜山行動，後有人安排甲嫌男子從臺南安平漁港搭漁船，潛逃大陸。在陸期間，甲嫌仍然與臺灣的犯罪集團有所聯絡，仍不改本性的從事兩岸的槍械、毒品的走私勾當。

他們無法無天，在大陸廈門的餐廳內只因為內部彼此猜忌起內訌，甲嫌竟連開數十餘槍，而被大陸列為十大要犯之一。

風聲鶴唳之下，甲嫌再度潛逃到他國藏匿，後來又秘密回到廈門。他的妻子卻仍還與他保持聯繫。警方掌握這個珍貴線索，申請監聽，進而發現他在大陸的幾處落腳點。然而案情仍然陷入瓶頸。

各級長官非常重視本案的進度，「令之以文，齊之以武」，不斷地親赴線上激勵同仁的士氣，也多次召開研究追查策略與重點。

刑事局專案小組為了突破現狀，乃運用管道，連絡布建熟悉甲嫌狀況的海外線民，運用高度技巧，設法造成甲嫌在大陸同夥之間的猜忌而起內鬨，終於迫使甲嫌不得不離開大陸。

虎落平陽不久，專案小組循線追查，據各方情資分析研判甲嫌已逃到群島之國，刑事局於是由外勤偵查隊與國際刑警科成立海外追緝小組，分工合作，兵分三路：其一是派出幹員赴群島之國，多方追查與甲嫌有關之人，逐一過濾出幾個可能的處所，再藉跟監埋伏，終於鎖定甲嫌的藏匿地點；其二，指派科長連絡此國刑事局長，請求支援

警力配合追緝，也請求先預留相當警力戒備；其三，派出組長率員追緝主嫌及其作案黨羽。我方在與先前提供甲嫌大陸情資之線民接觸後，覺得此行任務重大，宜速戰速決，以免夜長夢多。

為了萬全之計，我方警察也不排除有可能會有不法份子用計謀害，以甲嫌為誘餌，將對警察追緝人員有不利的陰謀。因此，為了保障海外追緝小組的安全，又另外請求幹練的他國警察局友人協助我方警察配合行動。在跟監埋伏的過程中，他們與他國警方事先觀察周遭內外地形以後，選擇適當的位置埋伏，以防不測。

由追緝多年的經驗瞭解到，甲嫌平常深居簡出，所以藏匿的地點都不為外人知道；布建大陸的線民也透露甲嫌身邊也請有多名私人保鏢，此外，李嫌也持有大批的槍彈；因此我方警察特別提醒此國警方，務必要準備強大的火力支援，都獲得同意辦理。此國刑警隊長居然幽默的說：「都沒問題！必要的時候，我們也有坦克車支援。」

第二天凌晨五點的時候，追緝人員抵達此國刑警隊長的辦公室會合，我方強調此行任務艱鉅，強調可能會發生槍戰，因而此國願意支援我方配發手槍人人各一把，以備不時之需。最後，找到甲嫌居處的酒店別墅，終於順利地逮捕甲嫌歸案。

（本文得以完成，感謝警政署刑事局幹員、現為警大任教的何招凡先生
提供部分資料）

【故事十四】俄國女間諜臥底北約高官圈十年

荷蘭境內的調查新聞集團啤酒令貓（Bellingcat）組織，專門從事事實查核並公開情報。二〇二二年九月啤酒令貓披露俄羅斯女間諜冒充名媛，混入北約高官圈子，臥底長達十多年。

現年四十歲的俄羅斯情報總局間諜科洛波娃是一名俄國軍官的女兒，二〇〇六年她偽裝珠寶設計師，使用假名瑪麗亞，冒充時尚名

媛，在義大利那不勒斯創業，店面就設在北約基地附近。

她自稱父親為德國人，與秘魯籍母親結婚而在秘魯出生，但後來在莫斯科被遺棄，由養父母撫養長大，後來在歐洲各地旅行，之後前往巴黎開設珠寶公司，二〇一〇年移居羅馬。二〇一二年回義大利，同年在義大利嫁給俄羅斯及厄瓜多混血的男子，但丈夫後來神祕死亡。

「喪夫」後的科女搬到義大利拿坡里開設珠寶精品店，並透過國際獅子會分會秘書結識了許多北約官員和多國外交官，常參加北約各國晚會和募款餐會。據稱，她和許多北約官員都有一段情。

科女真實身分之所以會曝光，是因為俄羅斯情報總局諜報網出現漏洞。她與另一名臥底女子都使用「瑪麗亞」身分，差別是後者的護照是在一年後核發。這名女子被安排到莫斯科國立大學工作以獲取「可供追蹤」履歷。該組織近十年來提供間諜的護照編號都是連續，因此，只須追蹤過去曝光的間諜護照編號，就能找出其他臥底人員。

啤酒令貓在二〇一八年揭露科女的真實身分後，她結束臥底而飛回莫斯科，如今隸屬於「普丁之友會」組織，並積極推動支持對烏克蘭戰爭的大外宣工作。

（譯自《啤酒令貓》Bellingcat網頁）

《孫子兵法》打造你的全勝思維

國立臺北大學吳順令教授
2022年9月6日於中華民國退休警察總會
「史記天地讀書會」視訊講課
／王嗣芬女士筆記

瞭解《孫子兵法》的方法？

要瞭解《孫子兵法》整個思想的架構脈絡，掌握《孫子兵法》的思想體系，而不是按章逐句的解釋《孫子兵法》。

為什麼要學習兵法？

學兵法不再只適用於戰場戰爭，其適用範圍可擴展到生活的各個領域，商場、政治、外交、經濟、比賽場合等等，甚至文學，《孫子兵法》的文學也是很美的，這是能普遍應用的一本書。

《孫子兵法》在中國主流思想下並沒有被推上前臺，可能跟儒釋道三家思想強調道德心性，孫子這種牽涉詭道權謀的思維被擠壓。孫子現在被重視，是從國外紅回來，尤其是日本，研究《孫子兵法》的團體山頭林立。《孫子兵法》裡的一些金句，我們都能琅琅上口，但是我們對這一本書卻非常陌生，是有點可惜的。

《孫子兵法》是一本什麼樣的書？

簡單講，這本書是談面對戰爭、贏得戰爭的書，或把戰爭的範圍擴大為競爭，在競爭中成為贏家的一本書。這本書處處都在講必勝、先勝、百戰百勝、全勝。

我需要研究《孫子兵法》嗎？

一、如果你認為，你可以不要競爭就能活得好好的，那麼可以考慮不用學《孫子兵法》。

二、如果你覺得，人生難免要競爭，但是我不在乎輸贏，可能也不需要這本書。

三、如果你覺得，人生需要競爭，又必須要贏，但是我不一定要讀這本書，關於贏家致勝的書這麼多，為什麼是學《孫子兵法》？如果是這種心態，可以聽看看，不要先入為主的去認定這本書沒有必要讀。

四、已退休的人，人生最美的仗已打過，這本談競爭的書，我現在還需要嗎？可姑且先聽之，是否有些啟發。

孫子的內心世界？

孫子依據什麼想法寫出這本書？孫子在思考什麼？本書是孫子的心靈之旅，傑出的兵法家，怎麼贏得人生的旅程。

《孫子兵法》學習之前，外加一章：認識自己，做自己

沒有往內觀照，學《孫子兵法》無益。知道自己要什麼，不盲從學習任何的學問。孫子自己本身即是具有這樣特質的人，孫子出身自齊國四大家族，不隨波逐流，選擇吳國，「吳宮教戰」的故事中，可以看出孫子的實踐性格。

成功人物的底線，知道自己要什麼，孫子是充分瞭解自己，成功發展自己的人。

《孫子兵法》全書的架構？

　　《孫子兵法》共十三篇，由三個層次的競爭觀：「怎麼打才會贏？」、「贏的代價。」、「不打能贏嗎？」所構成，而這三個層次的競爭觀有十大主題：1.目標、2.本質、3.條件、4.比較、5.料敵、6.布局、7.造勢、8.詭道、9.辯證、10.求全。如下圖所示：

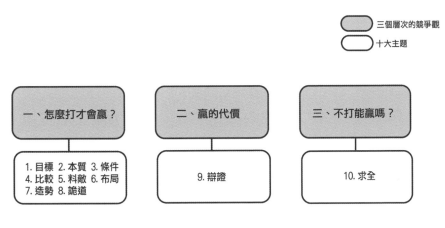

圖一　三個層次競爭觀下的十大主題

　　其實前三篇，就可知道孫子要講什麼。三個層次的競爭觀，對戰爭提出三問：第一，〈始計篇〉：怎麼打才會贏？要有打贏的本事，如何準備。第二，〈作戰篇〉：贏的代價是什麼？衡量戰爭的傷害。第三，〈謀攻篇〉：不打能贏嗎？不戰而求全。孫子對戰爭的整體思維，略述如下。

一　戰爭的目標：國家存亡之道

　　「兵者，國之大事，死生之地，存亡之道，不可不察也。」戰爭之目標是在保國衛民。在這個基礎之下，〈火攻篇〉有三句話：「非利不動，非得不用，非危不戰。」即指作戰的三個指導方針：「非利不動」，

指對國家沒有利，不要發動。「非得不用」，指戰爭付出的代價，比較衡量一下，獲得不夠大，不要戰。「非危不戰」，指戰爭帶來那麼多的傷害，非不得已，不要戰。

二　戰爭的本質

西方克勞塞維茲對戰爭的定義，用暴力行為讓對方屈服於我的意志。孫子對戰爭的定義，應該更為寬廣，是透過謀略、外交、兵力、攻城，的方法來屈服敵人，和西方純粹以暴力來達成目地有點不一樣。〈謀攻篇〉說：「上兵伐謀，其次伐交，其次伐兵，其下攻城。」

戰爭的理想形式，是通過謀略和外交手段達到取勝的目的。「兵者，詭道也。」戰爭是一個充滿欺騙的地方。

戰爭是無限性下的有限性。戰爭和其他競爭最大的不同是戰爭沒有規則，即便現在國際法也沒有辦法規範。戰爭雖然是無限性，還是被一些客觀的規律所限制：如：物極必反（奧步反撲的力量）、陰陽一體（相互毀滅、無法獨存），切記走投無路下的同歸於盡。

戰爭是在極度不確定中求取確定，宇宙本身是變化的，戰場上必須面對更多的變化，所以拿破崙才說：三分之二可以準備，三分之一靠運氣。三分之一靠運氣是很麻煩的，孫子講全勝、必勝、百戰百勝，有運氣在，怎麼敢講這種話？所以這裡很有趣的是，戰爭在一個不確定的狀況中，但你又要要求其確定性，這個難度就非常高，但是非做不可。

孫子在這個地方，就開始展開他如何去面對這個問題的思維：第一，想辦法準備齊全，第二，超前部署，要有動態的思維，可能發生的狀況，有些是可以推測的，超前部署可以找到蛛絲馬跡。

上戰場後還是可能有變化，孫子提出隨機應變，「因敵變化而取勝，謂之神。」神的等級。經常把意外當失敗藉口的人，這一輩子就

會常常出現意外；如果需要用意外來解釋失敗，對我是人格的侮辱，那我這輩子就不會常有意外。

　　戰爭是不讓對手知道，但是對手卻又能知道的較量。戰場上沒有一個人願意把企圖讓對方知道，〈用間篇〉所談的保守秘密是很重要的原則。

　　瞭解本質是很重要的事。矽谷牛人馬斯克的思維方式是第一性原理思維，回到事情的本身的源頭去思考，而不是用類比思維。所謂類比思維是，大家都已經這樣想，就跟著大家所想的基礎下去推想。

三　怎麼打才會贏？

善用「五事」：道、天、地、將、法

　　善用五事（道、天、地、將、法）的資源，組成最有競爭力的團隊。道是人心的力量，天、地是大自然的力量，將是人才的力量，法是人和錢財的力量。道將法都跟人有關，五事簡而言：天、地、人。

七計鬥智

　　以七計雙方鬥智，在「五事」上反覆觀察與思考之後，進入戰爭的階段，態勢分析，還要在七個基本問題上做比較。七個基本問題有：一、主孰有道？二、將孰有能？三、天地孰得？四、法令孰行？五、兵眾孰強？六、士卒孰練？七、賞罰孰明？

　　比較時，要重視質化指標，而不是量化指標，更能看到事情的本質。切記比較是相對的，贏一分也是贏，準備是絕對的。

料敵

　　「料敵」有三個重點，一是做正確的比較，二是有形的招數都有破解之道，三是互含性與排斥性。

我們的策略，要依據對手的想法去擬定；但是，不讓對方瞭解自己。孫子怎麼談料敵？有兩個重要概念：近遠，遠方的資料靠間諜，眼前地方靠觀察。

在〈用間篇〉的間諜怎麼收集資料？料敵比較，一定要雙方面思考，對立面的思考，不是單一以我方的角度思考。

布局

把資源做最好的安排，比如籃球隊形五個位置要放對的人，水要布置在高山上。孫子是如何評判戰場的的形勢的呢？「地生度，度生量，量生數，數生稱，稱生勝。」《孫子兵法‧地形篇》戰場地形，相關的軍需物資，作戰的軍隊數量，擬定適合的戰術。布局是希望造成一個絕對優勢，創造一個不戰而勝的態勢。以鎰稱銖，以卵擊石。

造勢

布局跟造勢差別在哪裡？布局較為靜態，注重客觀條件限制的安排。

造勢強調發揮主動，善戰人之事，如轉圓石於千仞之山。「善戰者，求之於勢，不責於人。」善於領導的人，造勢形成外在的強制力，不是我要你做什麼；而是你不得不做什麼。

「兵無常勢，因敵制勝。」面對敵人，怎麼欺敵用勢？奇正相生的戰術：「正」：就是你知、我知、大家都知的基本戰術；「奇」就是讓對手意想不到，出奇不意。

出奇的方法，就是組合的概念，奇正搭配使用，變化無窮。例如明修棧道、暗渡陳倉、聲東擊西。

詭道

利害是詭道的誘餌，情緒是攻心的破口。

四　贏的代價

辯證

　　辯證思維有三個概念：一是一體兩面，禍福相倚。二是動態發展，從時間的變動中找機會。三是注意時間，速戰速決，不要拖，夜長夢多，反者道之動。

　　時間會改變情勢，現在不行，事緩則圓，等等也許有機會。宇宙是整體關係網，每一個問題的答案不見得在眼前，推演因果關係，找到問題根源。

五　不打能贏嗎？——求全

　　孫子最特殊的地方，不同於其他兵書，他有一個都不願犧牲的慈悲心。戰爭是不得已的，能不打就不打，盡量還是用謀略、外交、各種方法阻止戰爭，這是孫子內心的思維。

　　不戰而屈人之兵，有可能嗎？舉自然農法為例，不用殲滅對抗的方式，與自然生態共存。求全如何可能？

　　一、肯定生命有無限的可能。

　　二、生命共同體。

　　三、愛最有力量。

　　所有人類是生命共同體，共存共榮，愛最有力量。這是人類的普世價值，共同的點，都要避免戰爭的傷害。《美麗人生》這部電影，描述納粹集中營的悲慘，在如此困頓的環境下，父親極力保護孩子幼小的心靈不受傷害，告訴孩子這一切都只是一場遊戲。

結語

孫子對戰爭的態度，其實是要盡量避免戰爭。兵法不是一味只講致勝之謀略，兵家的勝利最高境界，就是避免戰爭的傷害。

《孫子兵法》有很深的慈悲情懷。面對競爭，要有贏的能力，也要知道你要付出的代價。更要激發生命潛能，尋求「不戰就能贏」的方法，才能成為真正的贏家。

《孫子兵法》是一個完整的體系，這本書要整體深入的學習，不要片段學習，雖然一兩句話有時也可以讓我們得到一些啟發，但是整體的學習才能夠深入。

人生贏的境界是可以不斷提昇的，是一個持續的進行式，也是講題「人生無極限」的意思。誰知道人類競爭的形式，可以進化到什麼形式？為什麼要自我設限。

兵法不是看了就懂，或是馬上能做到的。中國的哲學是一門實踐的學問，而不是用知識上的理解。用修行的態度讀兵法，來對治自己生命的問題，《孫子兵法》是一本修行悟道的書。

謝　誌

感謝王進旺署長、警大陳檡文校長、警政署黃明昭署長賜序。

感謝中華民國退休警察協會總會總會長耿繼文、祕書長楊崇德及同事支持。

感謝海峽兩岸應急管理學會理事長蔡俊章博士畫家經常鼓勵寫作。

感謝警察弟兄：警政署警政委員廖訓誠、花蓮縣警察局戴崇贊局長、臺北市警察局范織坤分局長、桃園市警察局謝建國大隊長、南投縣警察局賴銘助督察長、臺灣警察專科學校李承龍副教授等亦師亦友熱心分享經驗。

感謝史記讀書會：夏誠華校長、傅武光教授、吳順令教授、吳昱瑩老師、王嗣芬、黃文玲女士鼓勵與分享文章。

感謝退休警察先進與警聲雜誌月刊社：孟昭熙、劉鏕、何招凡、李中棠、周銘、張巽聖先生同意轉載寶貴經驗。

感謝中央警察大學高佩珊主任、王俊元主任、呂豐足助理教授協力。

感謝萬卷樓圖書公司梁總經理大力支持、張總編輯與玉姍編輯群的審慎校對、潤飾，本書更有可讀性。當然也要感謝張善東將軍、內人林梅修女士全力支持。

參考書目

孫武著，曹操等注：《宋本十一家注孫子》。

謝祥皓、劉申寧輯：《孫子集成》，山東：齊魯書社，1993年。

魏汝霖：《孫子今註今譯》，臺北：臺灣商務印書館，1994年。

孫武著，周亨祥譯著：《孫子》，臺北：臺灣古籍出版公司，2003年。

壬雲路：《吳子讀本》，臺北：三民書局，1996年。

司馬遷：《史記》，臺北：世界書局，2009年。

邱復興主編：《孫子兵學大典》，北京：北京大學出版社，2004年。

李　零：《兵以詐立——我讀孫子兵法》，北京：中華書局，2006年。

陳連禎：《悅讀孫子》，臺北：警察專科學校，2015年。

吳順令：《孫子兵法打造你的全勝思維》，臺北：商周出版社，
　　　2020年。

文化生活叢書　1300009

內可以修身　外可以應變　孫子兵法要義

作　　者	陳連禎	
責任編輯	呂玉姍	
特約校對	林秋芬	

發 行 人　林慶彰

總 經 理　梁錦興

總 編 輯　張晏瑞

編 輯 所　萬卷樓圖書股份有限公司

　　　　　臺北市羅斯福路二段 41 號 6 樓之 3

　　　　　電話 (02)23216565

　　　　　傳真 (02)23218698

發　　行　萬卷樓圖書股份有限公司

　　　　　臺北市羅斯福路二段 41 號 6 樓之 3

　　　　　電話 (02)23216565

　　　　　傳真 (02)23218698

　　　　　電郵 SERVICE@WANJUAN.COM.TW

香港經銷　香港聯合書刊物流有限公司

　　　　　電話 (852)21502100

　　　　　傳真 (852)23560735

ISBN 978-986-478-774-6

2022 年 12 月初版

定價：新臺幣 400 元

如何購買本書：

1. 劃撥購書，請透過以下郵政劃撥帳號：

　　帳號：15624015

　　戶名：萬卷樓圖書股份有限公司

2. 轉帳購書，請透過以下帳戶

　　合作金庫銀行 古亭分行

　　戶名：萬卷樓圖書股份有限公司

　　帳號：0877717092596

3. 網路購書，請透過萬卷樓網站

　　網址 WWW.WANJUAN.COM.TW

大量購書，請直接聯繫我們，將有專人為

您服務。客服：(02)23216565 分機 610

如有缺頁、破損或裝訂錯誤，請寄回更換

版權所有・翻印必究

Copyright©2022 by WanJuanLou Books CO., Ltd.

All Rights Reserved　　　　Printed in Taiwan

國家圖書館出版品預行編目資料

孫子兵法要義：內可以修身 外可以應變 /

陳連禎著.-- 初版.-- 臺北市：萬卷樓圖書股

份有限公司, 2022.12

　　面；　公分.-- (文化生活叢書；1300009)

ISBN 978-986-478-774-6(平裝)

1.CST: 孫子兵法 2.CST: 研究考訂 3.CST: 謀略

592.092　　　　　　　　　111017755